土壤污染与生态修复理论与实践

杨 丹 著

東北林業大學出版社
Northeast Forestry University Press
·哈尔滨·

图书在版编目（CIP）数据

土壤污染与生态修复理论与实践 / 杨丹著. —哈尔滨：东北林业大学出版社，2023.6

ISBN 978-7-5674-3170-6

Ⅰ. ①土… Ⅱ. ①杨… Ⅲ. ①土壤污染－污染防治 ②土壤污染－生态恢复 Ⅳ. ①X53

中国国家版本馆CIP数据核字（2023）第095150号

责任编辑： 任兴华
封面设计： 鲁　伟
出版发行： 东北林业大学出版社
（哈尔滨市香坊区哈平六道街 6 号　邮编：150040）
印　　装： 廊坊市广阳区九洲印刷厂
开　　本： 787 mm × 1 092 mm　1/16
印　　张： 15.25
字　　数： 200千字
版　　次： 2023年 6 月第 1 版
印　　次： 2023年 6 月第 1 次印刷
书　　号： ISBN 978-7-5674-3170-6
定　　价： 61.00元

前　　言

土壤是由矿物质、有机质、水、空气及生物有机体组成的地球陆地表面的疏松层。防治土壤污染，直接关系到农产品质量安全、人民群众身体健康和经济社会的可持续发展。

土壤污染具有隐蔽性和滞后性。大气污染和水污染一般都比较直观，通过感官就能察觉；而土壤污染往往要通过土壤样品分析、农作物检测，甚至是通过对人畜健康的影响研究才能确定。土壤污染从产生到发现危害通常需要较长时间。土壤污染具有累积性，即污染物更难在土壤中迁移、扩散和稀释，且容易在土壤中累积。土壤污染具有不均匀性，土壤性质差异较大，且污染物在土壤中迁移慢，导致土壤中污染物分布不均匀，空间变异性较大。土壤污染具有难可逆性，如重金属难以降解，导致重金属对土壤的污染基本上是一个不可完全逆转的过程。总体而言，治理污染土壤的成本高、周期长、难度大。

本书对土壤污染及其土壤生态修复进行了详细的解读，首先介绍了现代土壤环境化学原理、土壤污染生态学，然后重点探讨了土壤修复及生态修复技术，并对重金属污染土壤修复的理论与技术、有机物污染土壤修复的理论与技术做出详解，之后对土壤污染防控以及我国土壤污染立法及治理责任制度进行探讨。

在撰写本书的过程中，作者参考、引用了有关文献和资料，在此向相关作者表示诚挚的谢意。由于经验不足，水平有限，书中难免有不足之处，敬请广大读者批评指正，以便今后改进。

作　者

2023 年 6 月

目　　录

第一章　现代土壤环境化学原理

土壤是人们所面对的重要自然环境，人们的农业生产离不开土壤，然而随着农业生产水平的提高，土壤的污染问题也日益暴露出来。本章对土壤的环境化学原理进行研究。

第一节　土壤的组成与性质

一、土壤的组成

土壤中的固体物质是由颗粒矿物和土壤有机质（包括动植物残体及其转化产物、活性土壤微生物和土壤动物）组成的不可分割的复合体。土壤矿物是由岩石风化形成和构成土壤的基本骨架，占土壤质量总数的95%~98%。覆盖于矿物颗粒表面的土壤有机质占土壤总质量的1%~5%。

（一）土壤气体

土壤气体是指土壤孔隙中存在的各种气体混合物，也称土壤空气。它影响土壤微生物的活动、植物的生长发育，参与土壤中营养物质和污染物的转化，是土壤的重要组分之一。土壤空气的容量通常以单位土体容积中所占容积百分数来表示，称为土壤含气量。

空气和水分共存于土壤的孔隙系统中，在土壤水分不饱和的状态下，土壤孔隙中存在着一定量的气体，而这些气体来源主要包括大气和土壤中微生物发生的生物化学过程产生的气体，因而，土壤中的气体组成和大气组成有一定的差别。

土壤空气与大气不同之处主要表现如下。第一，土壤空气是不连续的，存在于分离的土壤孔隙中，由于土壤成分的不同，其组成也不同。第二，土壤空气一般比大气含水量高，在土壤含水量适宜时，土壤相对湿度接近 100%。第三，由于土壤生物（根系、土壤动物、土壤微生物）的呼吸作用和有机质的分解，土壤空气中的 CO_2 含量普遍高于大气，是大气的 5~20 倍。同样由于生物消耗 O_2，土壤空气中的 O_2 含量则明显低于大气，当土壤通气性不良时，或者土壤中的新鲜有机质状况以及温度和水分状况有利于微生物活动时，都会进一步提高土壤空气中 CO_2 的含量而降低 O_2 的含量，由于通气效果差，微生物对有机质进行厌氧性分解，产生大量的还原性气体，如 CH_4、CO、H_2、H_2S、NH_3、NO_2 等，而大气中一般还原性气体极少。土壤空气中的 N_2 含量与大气中的 N_2 含量相差很小，主要由于 N_2 是一种不活泼的气体，很少参与土壤中的各种过程。此外，在土壤空气组成中，经常含有与大气污染相同的污染物质。

土壤空气的容量和组成不是固定的。土壤孔隙状态和含水量的变化是引起土壤气量变化的主要原因。土壤空气组成的变化则受两组同时进行的过程制约：一组过程是土壤中的各种化学和生物化学反应，其作用结果是消耗 O_2 和产生 CO_2；另一组过程是土壤空气与大气相互交换，即空气运动。这两组过程，前者倾向于扩大土壤空气成分与大气的差异，后者则使土壤空气成分与大气一致，表现出动态平衡。通过对流扩散，土壤空气与大气交换，否则土壤空气中的 O_2 可能在 12~24 h 被消耗掉。

（二）土壤矿物

土壤矿物是一种天然存在的矿物，具有一定的物理性质、化学成分和地壳内部结构。它们是岩石的基本单元，构成土壤的骨架。土壤矿物是岩石在物理和化学风化作用下形成的，可分为原生矿物和次生矿物。

1. 原生矿物

原生矿物是各种岩石（主要是岩浆岩）物理风化形成的碎屑，即风化过程中化学成分和晶体结构不发生变化的原始成岩矿物，它们主要分布在土壤的沙粒和粉粒中。主要的原生矿物可分为以下四类。

（1）硅酸盐类矿物。

硅酸盐类矿物是一些极微细的结晶颗粒，并都含有一定量的结晶水。如长石、云母、辉石等，它们易风化而释放出钾、镁、铝和铁等植物所需的无机营养元素供植物和微生物吸收利用，同时形成新的次生矿物。

（2）氧化物类矿物。

氧化物类矿物既可以结晶质状态存在，也可以非晶质状态存在，一般较为稳定、不易风化，对植物养分意义不大。如土壤中广泛分布的石英（SiO_2），热带、亚热带土壤中常见矿物如赤铁矿（Fe_2O_3）、金红石（TiO_2）等。

（3）硫化物类矿物。

硫化物矿物主要是含铁硫化物，即黄铁矿和白铁矿。它们是化学式为 FeS_2 的异构体。它们很容易风化，是土壤中硫的主要来源。

（4）磷酸盐类矿物。

土壤中分布广泛的有氟磷灰石 [$Ca_5(PO_4)_3F$]、氯磷灰石 [$Ca_5(PO_4)_3Cl$]、磷酸铁（$FePO_4$）、磷酸铝（$AlPO_4$）等，是土壤无机磷的主要来源。

2. 次生矿物

次生矿物为原生矿物经风化后重新形成的新矿物，其化学组成和晶体结构都会有所改变，有晶态和非晶态之分。次生矿物颗粒很小，具有胶体性质，是土壤中黏粒和无机胶体的组成部分，可以有效地影响土壤重要的物理化学性质，如吸收性、保蓄性、膨胀收缩性、黏着性等。土壤中次生矿物种类很多，按照其结构和性质可以分为三类：简单盐类、三氧化物类和次生铝硅酸盐类。

（1）简单盐类。

这类矿物包括碳酸盐，如芒硝（$Na_2SO_4 \cdot 10H_2O$）、白云石[$CaMg(CO_3)_2$]、石膏（$CaSO_4 \cdot 2H_2O$）、方解石（$CaCO_3$）、泻盐（$MgSO_4 \cdot 7H_2O$）、水氯镁石（$MgCl_2 \cdot 6H_2O$）等。它们是原生矿物经过化学风化后的最终产物，晶体结构相对简单。它们属于水溶性盐，很容易被浸出。在干旱半干旱地区和盐渍土中不太常见。

（2）三氧化物类。

三氧化物类矿物是由硅酸盐矿物完全风化产生的，主要分布于热带、亚热带地区，玄武岩、安山岩、石灰岩等都是这种风化的体现，三氧化物类矿物最主要包括褐铁矿（$2Fe_2O_3 \cdot 3H_2O$）、铁矿（$Fe_2O_3 \cdot H_2O$）和三水铝石（$Al_2O_3 \cdot 3H_2O$）等，

（3）次生铝硅酸盐类。

次生铝硅酸盐矿物又称黏土矿物，它是原生铝硅酸盐矿物风化的产物，伊利石、蒙脱石和高岭石等都是这类矿物的体现。

伊利石是风化程度较低的次生铝硅酸盐类矿物，一般主要分布在温带干旱地区的土壤中，其颗粒粒径小于 2 μm，膨胀系数较小，具有与阳离子交换的能力。

蒙脱石作为天然矿石伊利石深度风化的产物，又名基性岩，在碱性环境中易形成。其颗粒粒径大于伊利石颗粒粒径，因而分散性较高，吸水性较强，且膨胀系数较大，阳离子交换能力较强。

高岭石是次生铝硅酸盐矿物风化最严重的产物，主要存在于湿热的热带和亚热带土壤中。高岭石粒径大，膨胀性小，阳离子交换量低。因此，富含高岭石的土壤具有良好的透水性，植物可以轻松获得更多的水

源，但是高岭石的供给和维持肥料的能力有限，这就导致植物经常缺乏营养。

（三）土壤有机质

土壤有机质是土壤中重要的物质组成，一般占土壤固相总质量的 5% 左右，含量虽不高，但对土壤形成过程及物理化学性质影响大，能促进土壤结构形成，调控土壤水、热、气、肥，缓冲土壤中污染物质的毒害，是植物和微生物生命活动所需养分和能量的源泉。土壤有机质的化学成分包括碳水化合物、氮化物、木质素、磷和硫化合物、脂肪、蜡、单宁和树脂。土壤有机质可分为两大类。第一类为非特异性土壤有机质，包括动物和植物残体和中间产品的有机物质分解，如蛋白质、树脂、糖和有机酸，占土壤有机质总量的 10%~15%。第二类为土壤腐殖质，是土壤特有的有机质，不属于任何现存的有机化学范畴，占土壤有机质总量的 85%~90%。它主要是通过微生物作用由动植物残体转化而形成的。

土壤有机质主要来源于动植物残体，各类土壤差异大，主要分为三种：首先是森林 > 草原 > 荒漠；其次就是草原植被中，热带稀树草原 > 温带草原 > 荒漠化草原 > 荒漠植被；最后是森林植被中，热带森林 > 亚热带森林 > 温带森林 > 寒温带针叶林。

二、土壤的性质

土壤由于其矿物化学组成、粒径和结构的不同，具有不同的理化性质和生物学特性。

（一）土壤的吸附性

土壤具有吸附并保持固态、液态和气态的能力，也即土壤具有吸附性能。土壤的吸附性能与土壤中存在的胶体物质密切相关。土壤胶体是土壤固体颗粒中最小的胶体颗粒。土壤学中的土壤胶体是指直径小于2 μm 的土壤颗粒。

1. 土壤胶体的离子吸附

土壤吸收是指土壤对土壤溶液中的分子和离子、悬浮颗粒、气体和微生物的吸收和维持能力。土壤离子交换是土壤的物理和化学吸收，是指土壤在可溶性物质中保留离子营养物的能力。因为土壤胶体有正的或负的电荷，它可以吸附带有相反电荷的离子，在土壤溶液中，被吸附的离子通过离子交换作用，从而达到动态平衡。

（1）土壤胶体的阳离子吸附。

土壤胶体一般带一定量的负电荷，能与相应的阳离子发生离子吸附作用，如 Al^{3+}、Ca^{2+}、Mg^{2+}、K^{+}、H^{+} 等，随后，在土壤溶液中与其他阳离子发生离子交换作用。

在土壤胶体阳离子吸附过程中，阳离子以电荷当量的形式交换，并且，离子交换容量主要受到离子电荷数、离子半径和水化程度等因素影响。离子电荷数越高，阳离子交换能力越强；在同价离子中，离子半径越大，水合离子半径越小，阳离子交换能力越强。

在土壤中，常见阳离子的交换能力排序为：$Fe^{3+} > Al^{3+} > H^{+} > Ba^{2+} > Sr^{2+} > Ca^{2+} > Mg^{2+} > Cs^{+} > Rb^{+} > NH_4^{+} > K^{+} > Na^{+} > Li^{+}$。

土壤的可交换性阳离子主要分为两类：一类是致酸离子，包括氢离子和三价铝离子；另一类是盐基离子，包括 Na^{+}、Ca^{2+}、K^{+}、Mg^{2+}、NH_4^{+} 等。若土壤胶体上吸附的阳离子均为盐基离子，且已达到吸附饱和状态，称为盐基饱和土壤。如果致酸离子掺入土壤胶体吸附的阳离子中，那么这种土壤为盐基不饱和土壤。

盐基离子在土壤交换性阳离子中所占的百分数称为土壤盐基饱和度。盐基饱和度的大小常与降雨量、植被等自然条件有密切关系。一般干旱地区的土壤盐基饱和度大，多雨地区则较小。我国土壤阳离子交换量由南向北、由西向东有逐渐增多的趋势。

阳离子交换量（CEC），是指每千克干土中阳离子的总量，单位为cmol/kg。而影响阳离子交换量的主要因素有土壤胶体和阳离子数量。

在相同的饱和度下，不同胶体的阳离子交换量大小顺序为：有机胶体 > 蒙脱石 > 水合云母 > 高岭土 > 水合氧化铁和铝；土壤质地越细，阳离子交换量越大。土壤中胶体物质（包括矿物胶体、有机胶体和复合胶体）越多，阳离子交换量越大。就矿质胶体而言，阳离子交换量随着质地黏重程度增加而增加。研究表明沙土、沙壤土、壤土和黏土的阳离子交换量分别为 1~5 cmol/kg、7~8 cmol/kg、7~18 cmol/kg、25~30 cmol/kg；土壤胶体中 SiO_2 与 R_2O_3（R_2O_3 为 $Al_2O_3+Fe_2O_3$）含量比值越大，其阳离子交换量越大，当 SiO_2 与 R_2O_3 的含量比值小于 2 时，阳离子交换量显著降低；由于 pH 值影响土壤胶体表面羟基团的离解，土壤溶液体系 pH 值降低，土壤负电荷容量降低，阳离子交换量降低。

（2）土壤胶体的阴离子吸附。

土壤中阴离子的吸附与阳离子的吸附相似，但也不同。例如，土壤胶体对阴离子也有静电吸附和特异吸附，但一般土壤胶体为负吸附。因此，在许多情况下，阴离子也可以出现负吸附现象。虽然，从数量上讲，大多数土壤对阴离子的吸附量比对阳离子的吸附量少，但由于土壤中阴离子对植物营养生长、生态环境保护以及矿物形成和演变等方面都具有不可替代的作用，因此，土壤的阴离子吸附一直是土壤化学研究中相当活跃的领域。按照其吸附机理可以分为交换吸附作用、静电吸附作用和负吸附作用。

土壤中的阴离子交换吸附是指带正电荷的胶体吸附的阴离子与溶液中的阴离子之间的交换。阴离子和胶体粒子在溶液中形成不溶性沉淀，具有很强的吸附能力。

由于 Cl^-、NO_3^-、NO_2^- 等离子不能形成难溶盐，故它们不被或很少被土壤吸附。各种阴离子被土壤胶体吸附的顺序为：F^- > 草酸根 > 柠檬酸根 > PO_4^{3-} ≥ AsO_4^{3-} ≥ 硅酸根 > HCO_3^- > H_2BO^{3-} > CH_3COO^- > SCN^- > SO_4^{2-} > Cl^- > NO^{3-}。

2. 土壤胶体的性质

（1）比表面积和表面能。

比表面积是衡量物质特性的重要参量之一，其大小与颗粒粒径、形状、表面缺陷及孔隙结构等密切相关。一定质量或体积的土壤，随着颗粒数增多，比表面积增大。物体表面分子与该物体内部的分子处于不同环境，内部分子与相似分子接触，受到相等的吸引力可相互抵消，而表面分子受到内部和外部不同的吸引力而具有多余的自由能。处于胶体表面分子受到内部和周围接触介质界面上的引力不平衡而具有的剩余能量称为表面能。物质的比表面积越大，表面能越大，就表现出越强的吸附特性。

（2）表面电荷。

土壤胶体颗粒都有一定的电荷，在大多数情况下，它们都是负电的，但也有一些两性胶体由于环境条件的不同而带有不同的电荷。土壤胶体微粒带电的主要原因是微粒表面分子本身的解离作用。土壤胶体微粒具有一个双电层结构特征，内层为负电荷，外层为正电荷，分别可形成一个负离子层和正离子层。

土壤胶体表面电荷的数量和性质随介质酸碱度的变化而变化。这些电荷称为可变电荷。可变电荷是由土壤胶体释放或吸附离子引起的。如果在某个 pH 值时，黏土矿物表面上既不带正电荷，又不带负电荷，其表面净电荷等于零，此时的 pH 值称为零点电荷（ZPC）。

表面既带负电荷又带正电荷的土壤胶体称为两性胶体，随溶液土壤反应的变化而变化（如三水铝石、腐殖质等结构中的某些原子团在不同 pH 值条件下的变化）。

可变电荷胶体表面电荷会随介质 pH 值的改变而改变，带电量按电性不同可分为正电荷和负电荷。一般来说，土壤中的游离铁和铝氧化物是正电荷的主要来源（在酸性条件下离解可以携带正电荷）。高岭土中八面体氧化铝质子化在酸性条件下可以带正电荷，有机物中的氨基团在酸性条件下也可以带正电荷。

结果表明：同构置换、水合氧化硅的解离、水合氧化铁和铝在碱性条件下的解离、黏土矿物表面羟基的解离、腐殖质官能团中 R—COOOH、R—CH_2—OH、—OH 等的解离产生负电荷。土壤中正负电荷的总和就是净电荷。一般来说，土壤中的负电荷远大于正电荷，因此土壤中都是带负电荷为主。在铁、铝含量高的强酸性土壤中，只有少数含铁、铝的氧化物能带净正电荷。

（3）凝聚性和分散性。

土壤胶体的黏结性取决于胶体颗粒的比表面积和表面能。表面能越小，土壤胶体粒子的吸引力和黏聚力越强。在土壤溶液中，胶体粒子的电动势越高，相互排斥越强，胶体粒子的分散性就越好。

溶胶的形成是由于胶体颗粒表面存在水化层和胶体颗粒带相同电荷所致。具有相同电荷的胶体粒子的电学性质相互排斥。水膜的存在阻碍了胶体颗粒的聚集。

影响土壤黏聚力的主要因素是土壤胶体的电动势和扩散层的厚度。例如，当土壤溶液中阳离子增加时，土壤胶体表面的负电荷被中和，从而增强土壤的凝聚力。此外，电解质浓度和土壤溶液 pH 值也会影响其混凝性能。

由于土壤胶体主要是阴离子胶体，在阳离子的作用下会发生团聚。阳离子对带负电的土壤胶体的聚集能力随着离子价和离子半径的增大而增强，常见阳离子凝聚能力大小顺序为 Fe^{3+} > Al^{3+} > Ca^{2+} > Mg^{2+} > K^{+} > NH_4^{+} > Na^{+}。

电解质引起胶体凝聚的浓度值称为该电解质的凝聚点或凝聚极限。研究表明，二价阳离子的凝聚能力比一价阳离子的凝聚能力大25倍，而三价阳离子的凝聚能力比二价阳离子的凝聚能力大10倍。

（二）土壤的配位和螯合作用

土壤中的有机、无机配体能与金属离子发生配位或螯合作用，从而影响金属离子在环境中的迁移、转化等物理化学行为。

土壤中的有机配体主要有腐殖质、蛋白质、多糖、木质素、酶和有机酸，其中腐殖质是最重要的，土壤腐殖质具有多种官能团，如氨基、羟基、羧基、羰基、硫醚等基团。因此，重金属与土壤腐殖质可形成稳定的配合物和螯合物。

土壤中常见的无机配体有 Cl^-、SO_4^{2-}、HCO_3^-、OH^- 等，它们可与金属离子配位形成各种配合物。

金属配合物或螯合物的稳定性与配体或螯合剂、金属离子的种类及其环境条件有关。土壤有机质对金属离子的配位或螯合能力排序为：$Pb^{2+} > Cu^{2+} > Ni^{2+} > Zn^{2+} > Hg^{2+} > Cd^{2+}$。不同配位基与金属离子亲和力的排序为：氨基＞羟基＞羧基＞羰基。土壤介质的pH值对螯合物的稳定性有很大的影响：当pH值较低时，氢离子与金属离子竞争作为螯合剂，螯合物的稳定性就会变差；当pH值较高时，金属离子就可形成磷酸盐、氢氧化物或碳酸盐等不溶物。

螯合作用对金属离子迁移的影响取决于所形成螯合物的可溶性。形成的螯合物易溶于水，则有利于金属离子的迁移；反之，有利于金属在土壤中的滞留，降低其活性。

（三）土壤的氧化还原性

土壤溶液中的氧化作用，主要是自由氧、NO_3^- 和高价态金属离子，如铁（Ⅲ）、锰（Ⅳ）、钒（Ⅴ）等所引起的；还原是由于一些有机物的分解产物、厌氧微生物的生命活动和少量的铁、锰等金属氧化物引起的。氧化态物质和还原态物质的相对比例决定了土壤的氧化还原状态。土壤中物质的氧化态与还原态相互转化过程中浓度发生变化，溶液电位也相应改变。这种由于溶液中氧化态物质和还原态物质的浓度关系变化而产生的电位称为氧化还原电位，用 E_h 表示，单位为伏（V）或者毫伏（mV）。

土壤氧化还原电位具有非均匀性，即在同一块土壤中的不同位置，E_h 值也不尽相同。如土壤表层是好氧条件，而土壤胶粒内部可能是厌氧环境，因为大气中的氧气需要透过土壤溶液再经扩散才能进入聚集体孔隙中，在数毫米差距之间，氧气可能就有很大的浓度梯度。

土壤氧化还原作用的主要影响因素为：①土壤的 pH 值；②土壤中无机物的含量；③易分解有机质的含量；④土壤通气性；⑤植物根系的代谢作用；⑥土壤中微生物的活动。

（四）土壤的酸碱性

土壤中最重要的物理化学性质就是土壤酸碱性。土壤系统复杂，各种化学和生化反应使土壤表现出不同的酸碱性。土壤的酸碱性与土壤固相组成、微生物活动、有机物分解、气候、地质、水文、土壤营养元素释放和土壤中元素的迁移转化等因素有关。

1. 土壤的酸度

当土壤胶体被过量的中性盐（如 NaCl、KCl 或 $BaCl_2$）洗涤时，溶液中的金属离子与土壤中的氢离子和三价铝离子交换，这种酸性称为交换酸。

中性盐浸提的交换反应是一个可逆的阳离子交换平衡，一般不足以把胶粒中吸附的 H^+ 全部交换，因土壤矿物质胶体释放出的 H^+ 很少，只有土壤腐殖质中的腐殖酸才可产生较多的 H^+。

近年来的研究表明，交换性 Al^{3+} 是矿质土壤潜在酸性的主要来源。例如，红壤中 95% 以上的潜在酸性是由交换性 Al^{3+} 产生的。土壤的高酸性使铝硅酸盐晶格中的八面体铝硅酸盐破裂，使 Al^{3+} 从晶格中释放出来，成为可交换的 Al^{3+}。

结果表明，在大多数酸性土壤中，吸附铝（Al^{3+}）是土壤潜在酸性的主要来源，而吸附氢（H^+）是次要来源。潜性酸度在决定土壤性质上有很大作用，它的改变将影响土壤性质、养分供给和生物的活动。

2. 土壤的碱度

土壤溶液中碱性强度主要是碳酸根和碳酸氢根阴离子或碱土金属（Ca、Mg）的盐类的水解作用。碳酸盐类型不同对土壤的碱性强度贡献存在一定的差异性：例如，$CaCO_2$ 和 $MgCO_3$ 作为水不溶物，其溶解度小，富含 $CaCO_3$ 和 $MgCO_3$ 的石灰性土壤则呈弱碱性，对总碱度贡献小；水溶性碳酸盐类，如 Na_2CO_3、$NaHCO_3$ 及 $Ca(HCO_3)_2$ 等，对土壤的总碱度贡献较大。

第二节　土壤中的常见主要污染物

一、无机污染物

常见的无机污染物有以下两类：

一是重金属离子，如 Cd^{2+}、Hg^+、Cr^{2+} 等。

二是酸、碱、盐、氟化物及氰化物等。

二、有机污染物

土壤有机质包括腐殖质、非腐殖质、动物残留物和土壤微生物等，腐殖质是土壤有机质的重要组成部分。

可按照有机污染物在土壤中的残留形态，将其分为有机残留和有机废弃物。如有机农药残留有滴滴涕（DDT)、杀菌剂、除草剂等；有机废弃物有矿物油类、表面活性剂、废塑料制品、有机废液等。

三、土壤营养性污染物

土壤环境的化肥污染：化学肥料不仅通过引入非必要营养物质（如硫酸铵的硫酸根，氯化铵的氯离子等）对土壤、植物产生不良影响，其引入的主要成分和微量成分也给环境带来了不利因素。施入土壤中过量不被植物吸收的化肥，特别是氮肥和磷肥，则迁移进入地下水系统，或者被自然排泄水和暴雨雨水携带进入地表水系统，从而引发一系列的环境问题。这类污染主要有硝酸盐污染、水体富营养化以及土壤性质改变等。

第三节 土壤中污染物的迁移转化

一、氮和磷的污染与迁移转化

氮和磷是植物生长不可缺少的营养元素。在农业生产过程中，常用氮、磷化肥提高粮食作物产量，但化肥过量使用也会影响作物产量和品质。然而，未被作物吸收、被根层土壤固定的养分在根层以下积累或转移到地下水中，成为潜在的环境污染物。

（一）氮污染

过量施用氮肥进行农田灌溉，会直接影响农作物的生长状况及产品质量。常用的氮肥主要为硝酸盐类无机肥，国家相关文件规定，农产品中硝酸盐质量浓度超过 4.5 μg/mL 就不能食用。在农业生产中，农作物可以积累土壤中的硝酸盐，空气中的微生物可将蔬菜中的硝酸盐还原成亚硝酸盐，而亚硝酸盐属于强致癌物质。

土壤表层氮源以有机氮为主，占土壤基质总氮的 90%，无机氮主要包括氨氮、亚硝酸盐氮和硝酸盐氮，其中铵盐和硝态氮是植物吸收的主要形式。

另外，土壤中还有一些氮化物，它们的化学性质不稳定，只存在于过渡态，如 N_2O、NO、NO_2 及 NH_2OH、HNO_2。

（二）磷污染

磷是植物生长所必需的元素之一。植物对磷的吸收几乎都是磷离子。土壤中的磷污染很难判断，植物缺锌往往是由高磷引起的。

表层土壤中的磷酸盐含量可以达到 200 μg/g，黏土层中的磷酸盐质量分数可以达到 1 000 μg/g。土壤磷素主要以固相形式存在，其活性与总量无关。因此，磷污染的情况比氮污染的情况简单。此外，土壤中容易与磷酸盐形成 Ca^{2+}、Al^{3+}、Fe^{3+} 等低溶性化合物，抑制磷酸盐的活性。即使土壤中的磷含量很高，作物仍可能缺磷。可见，土壤磷污染对作物生长影响不大，但随着土壤侵蚀，磷可进入湖泊、水库，造成水体富营养化。

土壤中的磷包括有机磷及无机磷。有机磷在总磷中所占比例较大。土壤有机磷含量与有机质含量呈正相关，表层土壤有机磷含量较高。土壤中的有机磷主要是肌醇磷酸酯，也有少量的核酸和磷酸酯。与磷酸盐一样，肌醇磷酸盐也能被土壤吸附和沉淀。

二、土壤的化学农药污染与迁移转化

化学农药是指能防治植物病虫害，消灭杂草和调节植物生长的化学药剂。也就是说，化学杀虫剂用来保护农作物及其产品免受害虫、病原体和杂草的侵害，促进植物的发芽、开花和结实。传统农药除了对农作物病虫害产生有效的防护作用，同时也会通过生物途径或物理途径，如挥发、扩散、生物转移等，进入人类食物链中，危害人体健康。传统农药在土壤中保留时间较长，可达数十年，其原因在于农药中药效分子结构较为稳定，不易被环境因素或微生物分解。

（一）土壤化学农药污染

据研究数据估计，全球农业生产最为常见的三害是病、虫、草，可使全球每年粮食损失率约占总产量的 50%。然而，农药的诞生，挽回了粮食损失的 30%，在预防、治病虫害和提高农作物产量方面，表现出显著的效果。但是，长期、广泛和大量地使用传统不易降解且毒性高的化学农药，已经对人类食品安全造成了不可忽视的影响。

（1）有机氯农药对病虫害具有较强的杀伤力，但也对一些有益的昆虫和鸟类产生严重影响，破坏了自然界的生态平衡。

（2）长期使用同一类农药，导致相应病虫害产生抗药性。因此，为了提高农药的药效，我们只能增加农药的使用量和频率，这也无形地加大了农药污染潜在的风险。

（3）长期使用不易降解农药，其残留期可达数十年，特别对于土壤环境而言，会导致农药污染环境问题。

（二）化学农药在土壤中的降解

化学农药对于防治病虫害、提高作物产量等方面无疑起了很大的作用。但化学农药作为人工合成的有机物，稳定性强，不易分解，能在环境中长期存在，并在土壤和生物体内积累而产生危害。

滴滴涕（DDT）是一种高效、广谱的有机氯杀虫剂，曾广泛应用于农、牧、林、卫等领域。过去人们认为DDT等有机氯农药毒性小、安全。后来人们发现，DDT具有稳定的理化性质，可以在自然界中长时间滞留，并可以通过食物链大量集中在环境中。当它进入生物体后，由于其具有很强的脂溶性，可以在脂肪组织中长期积累。因此，DDT已被包括我国在内的许多国家禁用，但目前环境中仍有相当大的残留量。不论化学农药的稳定性有多强，作为有机化合物，终究会在物理、化学和生物各种因素作用下逐步地被分解，转化为小分子或简单化合物，甚至形成水、二氧化碳、氮气、氯气等消散在空气中。化学农药逐渐分解为无机物的过程称为农药降解。化学农药在土壤中的退化机制是光化学降解、化学降解和微生物降解。各种降解反应可以单独发生，也可以同时发生。

土壤中化学农药的降解会经历一系列中间过程，形成一些中间产物，其组成、结构、理化性质和生物活性往往与亲本有很大的不同，同时，这些中间体也会对环境造成危害。因此，加强对化学农药降解的研究具有十分重要的意义。

（三）在土壤环境中化学农药的残留

农药在土壤中的残留性主要与其理化性质、药剂用量、植被以及土壤类型、结构、酸碱度、含水量、金属离子及有机质含量、微生物种类、数量等有关。农药对农田的污染程度还与人为耕作制度等有关，复种指数较高的农田土壤，由于用药较多，农药污染往往比较严重。土壤中农药残留受挥发、淋溶、吸附、生化降解等多种因素的影响。

农药在土壤中的残留期与农药中药效化学分子结构稳定性密切相关，同时还与土壤性质、微生物种类有关，如土壤的矿物质组成、有机质含量、土壤的酸碱度、氧化还原状况、湿度和温度，以及种植的作物种类和耕作情况等均可影响农药的残留期。

土壤中农药最初由于挥发、淋溶等物理作用而消失，然后农药与土壤的固体、液体、气体及微生物发生一系列化学、物理化学及生物化学作用，特别是土壤微生物对其的分解，但此阶段农药的消失速度较前阶段慢。环保工作者和植保工作者对土壤中的农药残留量有不同的要求。从环境保护的角度来看，各种化学农药的残留期越短越好，以避免环境污染，通过食物链危害人体健康。但从植保角度看，如果残留期过短，很难达到理想的杀虫、治病、除草效果。因此，农药残留期的评价应从防治污染和提高药效两个方面考虑。最理想的农药应该是毒性维持足够长的时间来控制目标生物，降解速度足够快，不会对非目标生物产生持续影响，也不会污染环境。

第二章　土壤污染生态学

第一节　土壤与土壤污染

土壤生态学是以土壤及其土壤内的各种生物为研究对象，研究土壤的环境对其中生物代谢的影响，以及生物的代谢活动对土壤环境的影响的学科。随着经济的迅速发展，环境条件逐步恶化，传统的先发展后治理的发展理念使得环境污染问题尤为突出，而土壤的污染又是环境污染的重要组成部分。在这样的大环境下土壤污染生态学的发展有很大的必要，需要新的技术与理念利用土壤中的生物来对被污染的土壤进行修复，不但可以很好地去除土壤中的污染物，而且可以减少对土壤环境的二次污染。

土壤污染是由于人类活动或自然原因导致土壤内成分发生变化，或某些成分超过其本底值，土壤环境无法自净修复到初始状态，从而影响人类及其他生物的安全。传统意义上来讲，土壤污染的来源如下。

（1）无机和有机合成的污染物。重金属铅、铬、砷等及其盐类为无机污染物，而像人类人工合成的有机农药包括乐果、敌敌畏、DDT 等化工产物为有机污染物。

（2）物理污染物。人类各种活动产生的固体废弃物、固体垃圾等。

（3）生物污染物。医疗机构如医院、制药单位以及人类排放的污染物中带有很多的病原微生物及病毒，这也是生物安全性需要控制的一个重要方面。

（4）放射性污染物。核能应用得越来越广也越来越多，随之而来的从核燃料的开采、运输、应用，到核燃料废弃物的处理过程都会对土壤环境带来巨大的污染。环境污染的问题越来越严重，而且土壤污染又是其中污染成分最复杂的，污染物相互之间影响也最密集的，所以土壤污染的研究需要更多的时间及精力。

20世纪六七十年代有毒重金属汞、铬及有机氯农药随着污染事件的发生得到了人们的重视。80年代以后污染的土壤中发现了更多重金属元素锌、镍、铜等，非金属元素氟等，氰化物、甲基汞等金属有机化合物。人类合成的有机污染物也在增多，如酚类物质、硫丹、五氯联苯等。进入90年代，随着农业和工业的快速发展，大量含磷、氮的污染物排放到自然环境中，也给土壤带来了更大的威胁，使得人们研究土壤环境污染从金属及其氧化物和有机合成物质转移到氮、磷污染。21世纪以来，石油、化工、电力等产业的迅速发展带来了更多的环境问题，土壤中出现了与之相关的污染物质，如多环芳烃、石油烃、多氯联苯等。环境激素也成为人类研究的重点问题，这一类物质能够进入人体影响人体的新陈代谢。

一、土壤环境的基本特征

土壤按物理状态可以分为固相、液相、气相三部分。

固相约占土壤体积的50%，而在固相中矿物质占95%~98%。土壤矿物质由原生矿物质和次生矿物质组成，原生矿物质是随着原始状态矿化沉积下来的物质，由石英、钠长石、白云母等组成。原生矿物质有一部分转化成次生矿物质，如高岭石、蒙脱石、绿泥石等。固相中土壤有机质占2%~5%，包括碳水化合物类、木质素类、蛋白质类、脂肪与蜡类等。固相中另一部分为生物类，包括动物和植物。液相部分主要是指水分和溶解性物质，如金属盐和可溶性有机物等。土壤的气体主要是指分布在土壤中的空气。土壤中液相与气相约占土体积的 50%。

作为生态系统的重要单元，土壤环境保证了生态系统的完整性与统一性，保证了物质在大气、水体、土壤间的循环作用，把有机层和无机层联系起来，支持植物和微生物的生长繁殖。土壤环境作为动植物赖以生存的场所为生物提供了良好的生存环境，保证最大生物量的生产能力，提供了生物体新陈代谢和繁殖所需要的蛋白质、糖类、微量元素、激素等。土壤环境的自净能力保证了土壤不受到二次污染。土壤环境的多功能性使得土壤能够对进入土壤系统中的物质进行代谢以及同化的作用。土壤能够为植物提供良好的生长所需要的介质，为动物提供栖息的场所，为农作物提供生长所需要的营养成分，作为生产的基地。另外，土壤在抵御外界污染过程中充当了废弃物的处理场所，成为水和废弃物的滤料。土壤为人类社会提供各种资源，为建筑、医药、艺术等领域提供材料。最后，土壤的自净能力使得土壤系统能够承载一定的污染负荷，能够容纳一定量的污染物质，为环境提供了净化能力。

二、土壤环境污染的基本特点

与大气环境和水环境相比，土壤环境是更复杂的介质，包含复杂的化学、物理、生物过程。污染物在气体和液体环境中只存在空间位置的迁移转化，以及价态、浓度的变化。而污染物在土壤环境中不仅包括以上转化，还包括污染物间相互的氧化与还原，吸附与解析，固定与扩散，以及被土中生物代谢转化成其他物质等过程。

土壤污染的基本特点有很多，包括多介质、多组分、多界面的特点，有非均一性，以及复杂多变的特点。土壤污染的这些特点使得土壤污染有别于大气环境污染和水环境污染，使得土壤污染更复杂。与大气环境污染、水环境污染相比，土壤污染的影响更加严重，主要原因如下。

（1）滞后性与隐蔽性。土壤污染不会像水体污染和大气污染那样很容易通过颜色、气味、浊度等常规指标轻易分辨出来。往往需要对土壤样品进一步分析研究，针对不同的污染源检测各类污染物成分，并不能很轻易地分辨出来。所以与大气环境污染、水环境污染不同，土壤污染的发现往往具有滞后性。有很多污染问题很容易被人类所忽视。

（2）土壤污染的复杂性。由于土壤污染物来源很广，农业、工业、医药行业等各种污染源之间的相互作用使得污染物中各个成分发生相互反应、相互作用，形成更具有污染性的物质。污染源与土壤成分之间的相互作用，也使得土壤污染的复杂性不仅来源于污染源，所以土壤污染的复杂性远远高于其他环境的污染。

（3）污染物质在土壤环境中的累积作用。土壤中的污染物不能像大气和水环境中的污染物那样容易迁移转化，使得污染物在土壤中固定，而且在土壤环境中的污染物又不能得到良好的稀释和扩散。这样一来，土壤中的污染物会不断地积累，浓度不断地升高。

（4）土壤污染修复的长期性以及不可逆性。许多重金属对土壤的污染作用往往是难以修复的，由于发生氧化和还原等其他反应，重金属污染物的降解往往需要很长的时间。

土壤污染难以治理，土壤环境污染中只切断污染源并不能通过土壤的自净能力降解污染物。尤其是重金属污染，往往要通过换土、淋洗等方法处理污染土壤，所以对于土壤污染的治理成本较高，处理周期长。

第二节　土壤污染发生及其动力学

一、土壤污染发生的概念

由于土壤污染的复杂性，对于土壤污染的评价并没有一个统一的标准，一般按污染的程度可以分为以下几方面。

（1）轻度污染：这一阶段是土壤污染的初始状态。当污染物含量超过土壤背景值的2~3倍标准差时，说明土壤中该元素或化合物含量异常。

（2）重度污染：此时土壤中污染物含量达到或超过土壤环境基准或标准值时，表明污染物的累积输入速度和强度已经超过了土壤自净能力所能承受的范围。土壤环境中的缓冲能力已经不能承载所受到的污染。

（3）中度污染：根据对土壤环境轻度和重度污染判别的标准，结合具体的实地情况的生态效应再具体确定。

土壤污染的发生过程可以简单叙述成，人类社会各行各业所排放的污染物，包括有机物、重金属、农药、酸碱化合物、盐分等，排放到土壤环境中。土壤环境系统具有对其中物质进行迁移转化的能力，主要是土壤吸附作用、物理迁移作用、生物分解作用、生物蓄积作用，使得土壤对污染物质有一定的缓冲能力，所以土壤环境能够承受一定的污染物质。不过当污染物质继续在土壤环境中积累，使得土壤污染物过量存在，超过了土壤的缓冲能力和自净能力时，土壤中的污染物就会浓缩蓄积，最后污染物质的不断积累，不但使土壤系统受到污染，同时在土壤中的污染物质也会迁移转化到大气环境和水环境中。

二、土壤污染动力学

土壤污染动力学是研究各种污染物质，无论是有机物还是无机物进入土壤环境，在土壤环境中迁移、转化、沉降、降解等物理、化学和生物学作用的机理，以此来研究如何更好地解决土壤污染问题。

土壤环境中包括固相、液相、气相和生物相的组成，使得土壤系统的复杂性大大提高。而且，气相与固相、气相与液相、液相与固相相交的界面不是很清晰，没有具体的边界。各种污染物在各个单相中，以及相与相之间的交界处发生着复杂的化学、物理和生物学作用。有时这些作用是单独发生的，但很多时候这些反应是同时发生的。

下面分别简要介绍各个反应过程。

（1）吸附作用发生在不同介质相交的表面，比如由液相和气相的污染物转移到土壤环境，在这个过程中首先发生的就是吸附作用。吸附作用的表述可以用不同的吸附等温线来表示，由于土壤环境中颗粒物质的性质和孔隙率以及污染物的性质会表现出不同的吸附等温线类型，我们可以通过不同的吸附等温线了解土壤和污染物的性质。

（2）迁移和扩散。污染物在土壤环境中的迁移和扩散是一个很复杂的过程，比污染物在单相环境中的迁移转化的过程复杂得多。污染物在土壤环境中的迁移转化过程不仅取决于土壤的理化性质，而且与土壤中所含的微生物也有一定的关系，而且污染物质本身的性质也会影响其在土壤环境中的迁移转化。污染物质在同一相或两相交界面中的迁移转化形态主要是分子、离子、原子三种类型，而土壤系统不仅存在液体、固体、气体，还有植物根系和微生物等共同构成的复杂系统，所以污染物质在土壤系统中的迁移转化要比在单一系统中复杂得多。一般对于土壤中重金属污染物迁移转化的模拟可以根据现场的土壤中重金属的分布，以及进行田间和实验室的试验来模拟。在对其模拟时最重要的4个步骤为：选择最合适的模型；通过各种试验来确定符合实际的参数；取得污染土壤的数据；最后通过试验以及污染土壤的数据对模型进行修正以及检验。

由于建立污染物质在土壤中迁移转化的模型比较复杂，又没有可以参考的模型，对于土壤环境中复杂的迁移转化过程还需要更多的研究。

第三节　土壤污染的生态危害

当土受到污染后，不只是土壤环境会对生态系统产生影响，污染的土壤系统也会通过其他方式与大气系统和水体系统共同危害生态系统的安全。土壤系统中污染物的积累，农药、化肥、重金属等都对生态系统产生影响。污染的土壤也会通过灌溉和地表径流进入水体，一旦土壤中的污染物转移到水体中，会引起水体的污染，破坏水体生态系统，引起水体自净功能的减弱，水环境与水质恶化等一系列问题，而这些问题都会对生态系统产生危害。

一、对植物的毒害及农产品安全危机

土壤污染中部分金属元素是植物生长所必需的元素，但土壤中这些金属元素必须保持在一个合适的范围内，浓度过低不利于植物和农作物生长，过高又会抑制植物生长。

（1）铁、钾离子都是植物生长所需要的无机离子，但浓度过高又会抑制植物生长。

（2）植物对铜、锌含量更为敏感，最适范围很窄，浓度过高和过低都不利于植物的生长。

（3）铬、汞、砷都是植物生长的非必需元素，浓度过高会抑制植物

的生长。

表 2-1 给出了土壤中重金属含量对植物生长的影响。

表 2-1　土壤中重金属含量对植物生长的影响

重金属	质量浓度 /（$g \cdot m^{-3}$）	对植物的影响
锌	有效锌 400~500	毒害
镍	有效镍 15~25	毒害
铜	可置换铜 98~130	毒害
铅	水耕法 >30 砂子耕法 150~200	毒害 毒害
镉	镉含量 / 锌含量 100~200	生育受阻
铬	水耕法 >5	生育受阻 大麦全部死亡

研究表明，陆地生态系统中植物的根系可以吸收土壤环境中的有机和无机污染物质，累积在植物体内。如 DDT、阿特拉津、氯苯类、多氯联苯、氨基甲酸酯、多环芳烃等有机污染物以及众多的重金属。由于植物对污染物质的吸收没有严格的筛选过程，所以许多可溶性污染物质都能够被植物的根系吸收进入植物体内。这也给我们一些启示，可以研究植物对污染物质迁移和转化过程来对污染土壤环境进行修复，利用植物能够对污染物质的吸收和吸附、累积甚至是硝化作用来去除污染物。有些植物根系分泌物对无机污染物的吸附和解吸、有机污染物的降解有着重要的作用。

我国土壤污染的形势依然严峻。据一些调查分析，全国受污染的耕地占全国总耕地面积的 1/10 以上，受铅、铬、砷等重金属污染的耕地面积约占总耕地面积的 1/6。在这些污染区域，污染的原因包括工业排放的“三废”物质、污水灌溉区域、因固体废弃物堆放和填埋占地，以及农药污染。这些污染物质对植物和农作物的危害巨大，不仅会对农作物的产量造成很大的影响，而且由于农作物被污染而带来的健康和食品安全问题也在与日俱增。

土壤污染的危害包括以下两种情况。一是土壤污染会降低农作物的产量，而且会影响农作物的质量。这是由于虽然有毒物质或重金属等污染物质并没有超过所规定的卫生标准，但低浓度的污染物质在农作物中的积累会明显影响农作物的生长和农产品的质量。二是虽然有毒有害物质超过卫生许可范围，但农作物的产量并没有明显地减少甚至不受影响。引起农产品污染的主要原因有植物吸收了土壤中的污染物质并在植物体内不断积累；污染物质在植物体内的存在导致了植物体内微量元素的拮抗作用；在食品加工过程中会对食品有部分污染，食品中的营养物质也会部分流失。

农业污染的经验告诉我们，现在使用大量的农药化肥只能提高农作物的产量，但并不能修复土壤的环境，难以提高农作物的品质，无法避免对土壤环境的损害，无法补偿农作物品质下降所带来的损失。土壤污染对农作物的生产、食用以及进出口都带来越来越大的影响，已经引起人们的高度重视。

二、对动物的毒害及生态安全危机

土壤污染对动物的毒害作用有很多种方式，土壤中的污染物质会在植物包括农作物体内积累，而动物吃掉植物和农作物后会使污染物质转移到动物体内，最终被人类所食用，危害人类的健康与安全。污染物质也会随着人类、动物和植物的代谢作用积累到土壤中，土壤中的这些物质反过来作用于土壤中的微生物，如细菌、真菌等，这些微生物对高等的动物产生影响，污染物质在各种生物体内逐渐积累与放大，最后还是会被高等动物所吸收。

土壤污染尤其是采矿废弃物中的重金属会影响土壤中微生物的群落

结构，使得微生物群落变得越来越简单，尤其是对原生动物的群落组成和结构会有很大的影响。土壤重金属污染会对微生物生长产生重大的影响，致使不能够耐受重金属的微生物被淘汰，所以在污染土壤中的微生物群落结构会比正常土或污染之前的土壤中微生物的群落结构简单得多。造成这种变化的原因主要有两种情况：一是土壤中部分的微生物种类不能耐受高浓度的土壤污染物，尤其是重金属，大量微生物会逐渐死亡消失，从而导致土壤生态系统中大量的微生物消失，污染土壤系统中微生物群落结构简单；二是在土壤环境中有部分微生物种类对污染物的浓度不敏感，能够在长时间与污染物的接触情况下对污染物质产生耐受作用，而逐渐存活下来。

土壤中部分微生物或动物对土壤污染有指示性作用，比如蚯蚓。蚯蚓在土壤环境中的活动可以增加土壤的孔隙率，改良土壤，增加土壤的肥力等；同时它又构成了土壤生物与陆生动物之间的媒介，能够起到桥梁的作用。但是由于现代社会的不断发展，农药、化肥、固体废弃物等污染物大量堆积填埋在土壤环境中，对蚯蚓的活动、生长、繁殖，甚至生存都构成了极大的破坏，也对土壤生态系统构成了严重的威胁。

蚯蚓生态毒理学的研究可以评价不同的化学药品对环境安全性的威胁程度。蚯蚓生态毒理学是指以蚯蚓为研究对象的载体进行测试，根据被检测目标物对蚯蚓的毒理学指标来衡量是否对生态系统造成危害。联合国经济与合作发展组织化学品监测规划生态毒理学组与欧洲经济共同体分别于 1984 年、1985 年先后颁布了关于实验室研究化学物质对蚯蚓急性毒性的指导性文件，标志着急性毒性试验标准方法的确立。1990 年，我国出版了《国家环境保护局化学品测试准则》一书，描述了蚯蚓急性毒性试验的滤纸接触法和人工土壤法。后来，人们又逐步发展了田间生态毒性试验法、污染环境生物检测法和目前研究十分热门的生理、细胞及分子等微观水平的毒性试验法。评价对象涉及重金属、有机农药和一些持久性有机物等几大类化学污染物。

三、对土壤微生物生态效应的影响

土壤中微生物的种类可以分为细菌、放线菌、真菌、藻类、原生动物。细菌包括自养型细菌，如硫化细菌、硝化细菌、脱氮菌和固氮菌。它们以分解者的身份参与矿物质循环，每克土中大约含有 1 500 万个。放线菌主要是丝状原核菌，每克土中大约含有 70 万个，真菌主要是指酵母菌和丝状菌，每克土壤中大约含有 40 万个，它们都是分解者，而藻类中的绿藻、蓝绿藻等是生态系统中的生产者，原生动物比如纤毛虫和鞭毛虫都是消费者。

土壤微生物是维持土壤生物活性的重要组分，它们不仅调节着土壤动植物残体和土壤有机物质及其他有害化合物的分解、生物化学循环和土壤结构的形成等过程，且对外界干扰比较灵敏，微生物活性和群落结构的变化能敏感地反映出土壤质量和健康状况，是土壤环境质量评价不可缺少的重要生物学指标。土壤污染会对土壤中生物类型、数量、活性、土壤酶系统及土壤呼吸代谢等作用产生较大的影响，危害土壤生态系统的正常结构和功能。污染物对土壤生态系统中生物的影响比较复杂，取决于土壤的组成和性质等多种环境因素。土壤环境中，污染物对微生物的影响表现在以下几个方面。

（1）对土壤微生物数量的影响。污染物质会破坏土壤中微生物的细胞结构，对微生物新陈代谢产生抑制等作用，微生物细胞的生长和分裂因此受到延迟和终止，所以污染物对土的危害总是先表现在微生物数量的变化。这种影响取决于污染物和土壤中微生物的种类，并与土壤环境有着相互的关系，使得污染物质对土壤微生物影响的规律并不明显。

（2）对土壤微生物群落和多样性的影响。微生物数量上的变化表征的是土壤微生物总量的变化，在污染物的胁迫作用下，土壤微生物群落结构也会发生相应的变化，优势种因为污染物的诱导发生改变，同时还使微生物多样性降低。

（3）对土壤酶的影响。微生物的新陈代谢主要是酶的作用，酶数量和活性与微生物的代谢有着密切的关系。所以，污染物质对土壤中酶活性的影响可以反映土壤中微生物的变化。

（4）对硝化和反硝化的影响。污染物对土壤硝化和反硝化作用的生态效应受到微生物种类、污染物种类以及土壤环境因素的制约。

（5）对土壤呼吸作用的影响。污染物对土壤微生物的呼吸作用也同样因为污染物和微生物种类的不同而有所差别。有研究发现，土壤微生物的氧气消耗速率随着有机磷浓度的增加而增加，大多数农药对土壤微生物活性影响较大，多数情况下表现为对土壤呼吸作用、硝化作用、氨化作用等产生暂时的抑制作用。

污染物质进入土壤后，会通过食物链的各级消费者不断积累与放大，当人体的有毒有害物质积累到一定程度，就会逐渐对人体产生毒性作用，引起各种疾病。

第三章　土壤修复及生态修复技术

第一节　污染物土壤修复

土壤修复是指利用物理、化学和生物的方法转移、吸收、降解和转化土壤中的污染物，使其浓度降低到可接受水平，或将有毒有害的污染物转化为无害的物质。从根本上说，污染土壤修复的技术原理包括：

①改变污染物在土壤中的存在形态或同土壤的结合方式，降低其在环境中的可迁移性与生物可利用性。

②降低土壤中有害物质的浓度。对于目前国内土壤污染的具体情况，并没有明确的官方数据。目前我国的土壤污染尤其是土壤重金属污染有进一步加重的趋势，不管是从污染程度还是从污染范围来看均是如此。据此估计，我国已有 1/6 的农地受到重金属污染，而我国作为人口密度非常高的国家，土壤中的污染对人的健康影响非常大，土壤污染问题也已受到高度重视。

一、污水土地处理系统

污水土地处理系统是利用土地以及其中的微生物和植物根系对污染物的净化能力来处理污水或废水，同时利用其中的水分和肥分促进农作物、牧草或树木生长的工程设施。处理方式分为以下三种。

（一）地表漫流

用喷洒或其他方式将废水有控制地排放到土地上。适于地表漫流的土壤为透水性差的黏土和黏质土壤。地表漫流处理场的土地应平坦并有均匀而适宜的坡度（2%~6%），使污水能顺坡度成片地流动。地面上通常播种青草以供微生物栖息和防止土壤被冲刷流失。污水顺坡流下，一部分渗入土壤中，有少量蒸发掉，其余流入汇集沟。污水在流动的过程中，悬浮的固体被滤掉，有机物被草上和土壤表层中的微生物氧化降解。这种方法主要用于处理高浓度的有机废水，如罐头厂的废水和城市污水。

（二）灌溉

通过喷洒或自流将污水有控制地排放到土地上，以促进植物的生长。污水被植物摄取，并被蒸发和渗滤。灌溉方法取决于土壤的类型、作物的种类、气候和地理条件。通用的方法有喷灌、漫灌和垄沟灌溉。

（1）喷灌。采用由泵、干渠、支渠、升降器、喷水器等组成的喷洒系统将污水喷洒在土地上。这种灌溉方法适用于各种地形的土地，布水均匀，损耗少，但是费用昂贵，而且对水质要求较严，必须是经过二级处理的。

（2）漫灌。土地间歇地被一定深度的污水淹没，水深取决于作物和土壤的类型。漫灌的土地要求平坦或比较平坦，以使地面的水深保持均匀，地上的作物必须能够经受得住周期性的淹没。

（3）垄沟灌溉。该方式靠重力流来完成。采用这种灌溉方式的土地必须相当平坦。将土地犁成交替排列的垄和沟。污水流入沟中并渗入土壤，垄上种植作物。垄和沟的宽度和深度取决于排放的污水量、土壤的类型和作物的种类。

上述三种灌溉方式都是间歇性的，可使土壤中充满空气，以便对污水中的污染物进行需氧生物降解。

（三）渗滤

这种方法类似间歇性的砂滤。废水大部分进入地下水，小部分被蒸发掉。渗水池一般是间歇地接受废水，以保持高渗透率。适于渗滤的土壤通常为粗砂、壤土砂或砂壤土。渗滤法是补充地下水的处理方法，并不利用废水中的肥料，这是与灌溉法不同的。

二、影响污染土壤修复的主要因子

（一）污染物的性质

污染物在土壤中常以多种形态存在，不同的化学形态有效性不同。此外，污染的方式（单一污染或复合污染）、污染物浓度的高低也是影响修复效果的重要因素。有机污染物的结构不同，其在土壤中的降解差异也较大。

（二）环境因子

了解和掌握土壤的水分、营养等供给状况，制定合适的施肥、灌水、通气等管理方案，补充微生物和植物在对污染物修复过程中的养分和水分消耗，可提高生物修复的效率。一般来说，土壤盐度、酸碱度和氧化还原条件与生物可利用性及生物活性有密切关系，也是影响污染土壤修复效率的重要环境条件。

对有机污染土壤进行修复时，添加外源营养物可加速微生物对有机污染物的降解。采用生物通风、土壤真空抽取及加入 H_2O_2 等方法对修复土壤添加电子受体，可明显改善微生物对污染物的降解速率与程度。此外，即使是同一种生物通风系统，也应根据被修复场地的具体情况而进行设计。

（三）生物体本身

微生物的种类和活性直接影响修复的效果。由于微生物的生物体很小，吸收的金属量较少，难以后续处理，限制了利用微生物进行大面积现场修复的应用。因此，在选择修复技术时，应根据污染物的性质、土壤条件、污染的程度、预期的修复目标、时间限制、成本、修复技术的适用范围等因素加以综合考虑。微生物虽具有可适应特殊污染场地环境的特点，但土著微生物一般存在生长速度慢、代谢活性不高的特点。在污染区域中接种特异性微生物并形成生长优势，可促进微生物对污染物的降解。

三、土地处理系统的减污机制

土地处理系统大多数污染物的去除主要发生在地表下 30~50 cm 处具有良好结构的土层中，该层土壤、植物、微生物等相互作用，从土表层到土壤内部形成了好氧、缺氧和厌氧的多项系统，有助于各种污染物质在不同的环境中发生作用，最终达到去除或减少污染物的目的。

（一）病原微生物的去除

废水中的病原微生物进入土壤，便面临竞争环境，如遇到由其他微生物产生的抗生物质和较大微生物的捕食等。在表层土壤中竞争尤其剧烈，这里氧气充足，需氧微生物活跃，在其氧化降解过程中要捕食病原菌、病毒。一般来说，病原菌和病毒在肥沃土壤中以及在干燥和富氧的条件下，比在贫瘠土壤中以及在潮湿和缺氧的条件下，生存期短，残留率小。废水经过 1 m 至几米厚的土壤过滤，其中的细菌和病毒几乎可以全部去除掉，仅在地表土层 1 cm 的土壤中微生物的去除率就可高达 97%。

（二）BOD的去除

废水中的BOD（生化需氧量）大部分是在10~15 cm厚的表层土中去除的。BOD、COD（化学需氧量）和TOC（总有机碳）的物理（过滤）去除率为30%~40%。废水中的大多数有机物都能被土壤中的需氧微生物氧化降解，但所需的时间相差很大，从几分钟（如葡萄糖）到数百年（如称为腐殖土的络合聚集体）。废水中的单糖、淀粉、半纤维、纤维、蛋白质等有机物在土壤中分解较快，而木质素、蜡、单宁、角质和脂肪等有机物则分解缓慢。如果水力负荷或BOD负荷超过了土壤的处理能力，这些难分解的有机化合物便会积累下来，使土壤孔隙堵塞，发生厌氧过程。如发生这种情况，应减少灌溉负荷，使土壤表层恢复富氧的状况，逐渐将积累的污泥和多糖氧化降解掉。在厌氧过程中形成的硫化亚铁沉淀，也会被氧化成溶解性的硫酸铁，从而使堵塞得到消除。

（三）磷和氮的去除

在废水中以正磷酸盐形式存在的磷，通过同土壤中的钙、铝、铁等离子发生沉淀反应，被铁、铝氧化物吸附和农作物吸收而有效地除去。因此废水土地处理系统的地下水或地下排水系统的水中含磷质量浓度一般为0.01~0.10 mg/L。磷在酸性条件下生成磷酸铝和磷酸铁沉淀，而在碱性条件下主要生成磷酸钙或羟基磷灰石沉淀。除了纯砂土以外，大多数土壤中的磷在0.3~0.6 m厚的土层便几乎被全部除去。

废水中的氮在土地上有四种形式：有机氮、氨氮、亚硝酸盐氮和硝酸盐氮。亚硝酸盐氮在氧气存在的条件下易被氧化为硝酸盐氮。土地上的氮不管呈何种形态，如不挥发，最后都会矿化为硝酸盐氮。硝酸盐氮可通过作物的根部吸收和反硝化（脱硝）作用去除，在深入根区以下的土层中，由于缺氧条件，部分硝态氮（10%~80%）发生脱硝反应；最后总有一部分硝态氮进入地下水中。

（四）有机毒物的去除

二级处理去除水中含的微量有机毒物，如卤代烃类、多氯联苯、酚化物以及有机氯、有机磷和有机汞农药等，它们的质量浓度一般远低于1 μg/L，在土壤中通过土壤胶体吸附、植物摄取、微生物降解、化学破坏挥发等途径而被有效地去除。

（五）微量金属的去除

一般认为黏土矿、铁、铝和锰的水合氧化物这四种土壤组分以及有机物和生物是控制土壤溶液中微量金属的重要因素。它们去除微量金属的方式有：①层状硅酸盐以表面吸附或以形成表面络合离子穿入晶格和离子交换等方式吸附；②不溶性铁、铝和锰的水合氧化物对金属离子的吸附；③有机物如腐殖酸对镉、汞等重金属的吸附；④形成金属氧化物或氢氧化物沉淀；⑤植物的摄取和固定。微量重金属的去除以吸附作用为主；常量重金属的去除往往以沉淀作用为主。

在废水所含的金属中，镉、锌、镍和铜在作物中的浓缩系数最高，因而对作物以及通过食物链对动物和人的危害也最大。

四、应用前景

污水土地处理系统作为一项技术可靠、经济合理、管理运行方便且具有显著的生态、社会效益的生态处理技术之一，具有巨大的发展潜力。

土地处理系统在应用中主要是土地的占用，这在我国广大地区都具有很强的适用性。我国虽然土地资源十分紧缺，但一些不发达地区，如西北等地区地广人稀，闲置了一些土地、荒山，在较发达地区也有废弃河道和部分闲置的开发区，这为土地处理系统提供了廉价的土地资源。在农村和中小城镇，可以利用其拥有低廉土地的优势，建造土地处理系统，不仅可以净化污水，还可以与农业利用相结合，利用水肥资源，将水用于浇灌绿地、农田，使土壤肥力增加，提高农作物产量，从而带来更多经济效益，同时保护了农村生态系统；在城市，根据其污水量大、成分复杂，但其市政经济承受能力较强的特点，土地处理系统可因地制宜地选用各类型系统，强化人工调控措施，不仅能取得满意的污水处理效果，还可以美化城市自然景观，改善城市生态环境质量。土地处理系统的经济性使其比起其他发达国家更适合我国目前的经济发展水平，与其他处理工艺相比，土地处理系统技术含量较低，这在我国污水处理技术正处于研发和逐渐成熟的现阶段具有广泛的应用前景。以其作为污水处理技术，不仅效果好，而且可以解决我国目前净水工艺存在的主要问题，减少氮、磷的排放量，减缓我国水体富营养化的趋势。加强土地处理系统的理论研究和技术工艺开发，加大力度推行并实施污水土地处理技术，将是解决我国水污染严重和水资源短缺问题的有效途径。

第二节　污染物植物修复

土壤作为环境的重要组成部分，不仅为人类生存提供所需的各种营养物质，而且承担着环境中大约 90% 来自各方面的污染物。随着人类社会进步、科学发展，人类改造自然的规模空前扩大，一些含重金属污水灌溉农田、污泥的农业利用、肥料的施用以及矿区飘尘的沉降，都可以使重金属在土壤中积累明显高于土壤环境背景值，致使土壤环境质量下降和生态环境恶化。由于土壤是人类赖以生存发展所必需的生产资料，也是人类社会最基本、最重要、最不可替代的自然资源。因此，土壤中金属（尤其是重金属）污染与治理成为世界各国环境科学工作者竞相研究的难点和热点。

一、重金属进入土壤系统的原因

具体地说，重金属污染物可以通过大气、污水、固体废弃物、农用物资等途径进入土壤。

（一）从大气中进入

大气中的重金属主要来源于能源、运输、冶金和建筑材料生产产生的气体和粉尘。例如，煤含 Ce、Cr、Pb、Hg、Ti、As 等金属，石油中含有大量的 Hg。它们都可随物质燃烧大量地排放到空气中。而随着大量地使用含 Pb 汽油，汽车排放的尾气中含 Pb 量可达 50 μg/L。这些重金属除 Hg 以外，基本上以气溶胶的形态进入大气，经过自然沉降和降水进入土壤。

（二）从污水进入

污水按来源可分为生活污水、工业废水、被污染的雨水等。生活污水中重金属含量较少，但是随着工业废水的灌溉，进入土壤的 Hg、Cd、Pb、Cr 等重金属却是逐年增加的。

（三）从固体废弃物中进入

从固体废弃物中进入土壤的重金属也很多。固体废弃物种类繁多，成分复杂，不同种类其危害方式和污染程度不同。其中，矿业和工业固体废弃物污染最为严重。化肥和地膜是重要的农用物资，但长期不合理施用，也可以导致土壤重金属污染。个别农药在其组成中含有 Hg、As、Cu、Zn 等金属。磷肥中含较多的重金属，其中 Cd、As 元素含量尤为高，长期使用会造成土壤的严重污染。

随着工业、农业、矿产业等迅速发展，土壤重金属污染也日益加重，已远远超过土壤的自净能力。防治土壤重金属污染，保护有限的土壤资源，已成为突出的环境问题，引起了众多环境工作者的关注。

二、土壤重金属污染的植物修复技术

广义的植物修复技术是以植物忍耐和超量积累某种或某些化学元素的理论为基础，利用植物及其共存微生物体系清除环境中的污染物的一门环境污染治理技术。目前国内外对植物修复技术的基础理论研究和推广应用大多限于重金属元素。狭义的植物修复技术主要指利用植物清洁污染土壤中的重金属。植物对重金属污染位点的修复有三种方式：植物固定、植物挥发和植物吸收。植物通过这三种方式去除环境中的重金属离子。

（一）植物固定

植物固定是利用植物及一些添加物质使环境中的金属流动性降低，生物可利用性下降，使金属对生物的毒性降低。通过研究植物对环境中土壤铅的固定，发现一些植物可降低铅的生物可利用性，缓解铅对环境中生物的毒害作用。然而植物固定并没有将环境中的重金属离子去除，只是暂时将其固定，使其对环境中的生物不产生毒害作用，没有彻底解决环境中的重金属污染问题。如果环境条件发生变化，金属的生物可利用性可能又会发生改变。因此植物固定不是一个很理想的去除环境中重金属的方法。

（二）植物挥发

植物挥发是利用植物去除环境中的一些挥发性污染物，即植物将污染物吸收到体内后又将其转化为气态物质，释放到大气中。有人研究了利用植物挥发去除环境中的汞的方法，即将细菌体内的汞还原酶基因转入芥子科植物中，使这一基因在该植物体内表达，将植物从环境中吸收的汞还原为单质，使其成为气体而挥发。另有研究表明，利用植物也可将环境中的硒转化为气态形式（二甲基硒和二甲基二硒）。由于这一方法只适用于挥发性污染物，应用范围很小，并且将污染物转移到大气中对人类和生物有一定的风险，因此它的应用将受到限制。

（三）植物吸收

植物吸收是目前研究最多并且最有发展前景的一种利用植物去除环境中重金属的方法，它是利用能耐受并能积累金属的植物吸收环境中的金属离子，将它们输送并储存在植物体的地上部分。植物吸收需要能耐受且能积累重金属的植物，因此研究不同植物对金属离子的吸收特性，筛选出超量积累植物是研究的关键。能用于植物修复的植物应具有以下几个特性：①即使在污染物浓度较低时也有较高的积累速率；②生长快，生物量大；③能同时积累几种金属；④能在体内积累高浓度的污染物；⑤具有抗虫抗病能力。经过不断地进行实验室研究及野外试验，人们已经找到了一些能吸收不同金属的植物种类及改进植物吸收性能的方法，并逐步向商业化发展。

例如，羊齿类铁角蕨属对土壤镉的吸收能力很强，吸收率可达10%。香蒲植物、绿肥植物对铅、锌污染物具有很强的忍耐和吸收能力，可以用于净化铅锌矿废水污染的土壤。田间试验也证明印度芥菜有很强的吸收和积累污染土壤中 Pb、Cr、Cd、Ni 的能力。一些禾本科植物如燕麦和大麦耐 Cu、Cd、Zn 的能力强，且大麦与印度芥菜具有同等清除污染土壤中 Zn 的能力。米格（Meagher）等发现经基因工程改良过的烟草和拟南芥菜能把 Hg^{2+} 变为低毒的单质 Hg 挥发掉。另外，柳树和白杨也可作为一种非常好的重金属污染土壤的植物修复材料。

利用丛枝菌根（AM）真菌辅助植物修复土壤重金属污染的研究也有很多。菌根能促进植物对矿质营养的吸收、提高植物的抗逆性、增强植物抗重金属毒害的能力。一般认为，在重金属污染条件下，AM 真菌侵染降低植物体内（尤其是地上部）重金属的浓度，有利于植物的生长。在中等 Zn 污染条件下，AM 真菌能降低植物地上部 Zn 浓度，增加植物产量，从而对植物起到保护作用。也有报道指出 AM 真菌可同时提高植物的生物量和体内重金属浓度。在含盐的湿地中，植被对重金属的吸收和积累也起着重要的作用，AM 真菌能够增加含盐的湿地中植被根部的 Cd、Cu 吸收和累积；并且 AM 真菌具有较高的抵抗和减轻金属对植被的胁迫能力，对在含盐湿地上宿主植物中的金属离子的沉积起了很大作用。在 As 污染条件下，AM 真菌同时提高蜈蚣草地上部的生物量和 As 的浓度，从而显著增加了蜈蚣草对 As 的提取量，说明 AM 真菌可以促进 As 从蜈蚣草的根部向地上部转运。AM 真菌对重金属复合污染的土壤也有明显的作用。通过研究 AM 真菌对玉米吸收 Cd、Zn、Cu、Mn、Pb 的影响，发现其降低了根中的 Cu 浓度，而增加了地上部的 Cu 浓度；增加了玉米地上部 Zn 浓度和根中 Pb 的浓度，而对 Cd 没有显著影响，说明 AM 真菌促进 Cu、Zn 向地上部的转运。

三、植物吸附重金属的机制

根对污染物的吸收可以分为离子的被动吸收和主动吸收，离子的被动吸收包括扩散、离子交换和蒸腾作用等，无须耗费代谢能。离子的主动吸收可以逆梯度进行，这时必须由呼吸作用供给能量。一般对非超积累植物来说，非复合态的自由离子是吸收的主要形态，在细胞原生质体中，金属离子由于通过与有机酸、植物螯合肽的结合，其自由离子的浓度很低，所以无须主动运输系统参与离子的吸收。但是有些离子如锌可能有载体调节运输。特别是超富集植物，即使在外界重金属浓度很低时，其体内重金属的含量仍比普通植物高 10 倍甚至上百倍。进入植物体内的重金属元素对植物是一种胁迫因素，即使是超富集植物，对重金属毒害也有耐受阈值。

耐性是指植物体内具有某些特定的生理机制，使植物能生存于高含量的重金属环境中而不受到损害，此时植物体内具有较高浓度的重金属。一般耐性特性的获得有两个基本途径：一是金属的排斥性，即重金属被植物吸收后又被排出体外，或者重金属在植物体内的运输受到阻碍；二是金属富集，但可自身解毒，即重金属在植物体内以不具有生物活性的解毒形式存在，如结合到细胞壁上、离子主动运输进入液泡、与有机酸或某些蛋白质的络合等。针对植物萃取修复污染土壤要求的植物显然应该具有富集解毒能力。据目前人们对耐性植株和超富集植株的研究，植物富集解毒机制可能有以下几方面。

（一）细胞壁作用机制

研究人员发现耐重金属植物要比非耐重金属植物的细胞壁具有更优先键合金属的能力，这种能力对抑制金属离子进入植物根部敏感部位起保护作用。如蹄盖蕨属所吸收的 Cu、Zn、Cd 总量中有 70%~90% 位于细胞壁，大部分以离子形式存在或结合到细胞壁结构物质，如纤维素、木质素上。因此根部细胞壁可视为重要的金属离子贮存场所。金属离子被局限于细胞壁，从而不能进入细胞质影响细胞内的代谢活动。但当重金属与细胞壁结合达饱和时，多余的金属离子才会进入细胞质。

（二）重金属进入细胞质机制

许多观察表明，重金属确实能进入耐性植物的共质体。用离心的方法研究 Ni 超量积累植物组织中 Ni 的分布，结果显示有 72% 的 Ni 分布在液泡中。利用电子探针也观察到锌超量积累植物根中的 Zn 大部分分布在液泡中。因此液泡可能是超富集植物重金属离子贮存的主要场所。

（三）向地上部运输

有些植物吸收的重金属离子很容易装载进木质部，在木质部中，金属元素与有机酸复合将有利于元素向地上部运输。有人观察到 Ni 超富集植物中的组氨酸在 Ni 的吸收和积累中具有重要作用，非积累植物如果在外界供应组氨酸时也可以促进其根系 Ni 向地上部运输。柠檬酸盐可能是 Ni 运输的主要形态，利用 X 射线吸收光谱研究也表明，在 Zn 超富集植物的根中 Zn 70% 分布在原生质中，主要与组氨酸络合，在木质部汁液中 Zn 主要以水合阳离子形态运输，其余是柠檬酸络合态。

（四）重金属与各种有机化合物络合机制

重金属与各种有机化合物络合后，能降低自由离子的活度系数，减少其毒害。有机化合物在植物耐重金属毒害中的作用已有许多报道，Ni 超富集植物比非超富集植物具有更高浓度的有机酸，硫代葡萄糖苷与 Zn 超富集植物的耐锌毒能力有关。

（五）酶适应机制

耐性品种具有酶活性保护的机制，使耐性品种或植株当遭受重金属干扰时能维持正常的代谢过程。研究表明，在受重金属毒害时，耐性品种的硝酸还原酶、异柠檬酸酶被激活，特别是硝酸还原酶的变化更为显著，而耐性差的品种这些酶类完全被抑制。

（六）植物螯合肽的解毒作用

植物螯合肽（PC）是一种富含—SH 的多肽，在重金属或热激等措施诱导下植物体内能大量形成植物螯合肽，通过—SH 与重金属的络合从而避免重金属以自由离子的形式在细胞内循环，减少了重金属对细胞的伤害。研究表明，GSH 或 PCs 的水平决定了植物对 Cd 的累积和对 Cd 的抗性。PCs 对植物抗 Cd 的能力随着 PC 生成量的增加、PC 链的延长而增强。

四、影响植物富集重金属的因素

（一）根际环境对氧化还原电位的影响

旱作植物由于根系呼吸、根系分泌物的微生物耗氧分解，根系分泌物中含有酚类等还原性物质，根际氧化还原电位（E_h）一般低于土体。该性质对重金属特别是变价金属元素的形态转化和毒性具有重要影响。如 Cr(Ⅵ)，化学活性强，毒性强，被土壤直接吸附的作用很弱，是造成地下水污染的主要物质。Cr(Ⅲ) 一般毒性较弱，因而在一般的土壤 - 水系统中，六价铬还原为三价铬后被吸附或生成氢氧化铬沉淀，被认为是六价铬从水溶液中去除的重要途径。在铬污染的现场治理中往往以此原理添加厩肥或硫化亚铁等还原物质以提高土壤的有效还原容量，但农田栽种作物后，该措施是否还能达到预期效果还需要分别对待，由于根系和根际微生物呼吸耗氧，根系分泌物中含有还原性物质，因而旱作下根际 E_h 一般低于土体 50~100 mV，土壤的还原条件将会增加 Cr(Ⅵ) 的还原去除，然而，如果在生长于还原性基质上的植株根际产生氧化态微环境，那么当土壤中还原态的离子穿越这一氧化区到达根表时就会转化为氧化态，从而降低其还原能力。很明显的一个例子就是水稻，由于其根系特殊的溢氧特征，根际 E_h 高于根外，可以推断，根际 Fe^{2+} 等还原物质含量的降低必然会使 Cr(Ⅵ) 的还原过程减弱。同时，有许多研究也表明，一些湿地或水生植物品种的根表可观察到氧化锰在根 - 土界面的积累，Cr(Ⅲ) 能被土壤中的氧化锰等氧化成 Cr(Ⅵ)，其中氧化锰可能是 Cr (Ⅲ) 氧化过程中的最主要的电子接受体，因此在铬污染防治中根际 E_h 效应的作用不能忽视。

排灌引起的镉污染问题实际上也涉及 E_h 变化的问题。大量研究表明，水稻含镉量与其生育后期的水分状况关系密切，此时期排水烤田则可使水稻含镉量增加好几倍，其原因曾被认为是土壤中原来形成的 CdS 重新溶解的缘故，但从根际观点看，水稻根际 E_h 可使 FeS 发生氧化，因此根际也能氧化 CdS。假如这样，水稻根系照样会吸收大量的镉，但从根际 E_h 的动态变化来看，水稻根际的氧化还原电位从分蘖盛期至幼穗期经常从氧化值向还原值急剧变化，在扬花期也很低。生育后期处于淹水状态下的水稻含镉量较低的原因可能就在于根际 E_h 下降，此时若排水烤田，根际 E_h 不下降，再加上根外土体 CdS 氧化，Cd^{2+} 活度增加，也就使水稻含镉量大大增加。

（二）根际环境 pH 值的影响

植物通过根部分泌质子酸化土壤来溶解金属，低 pH 值可以使与土壤结合的金属离子进入土壤溶液。如种植超积累植物和非超积累植物后，根际土壤 pH 值较非根际土壤低 0.2~0.4，根际土壤中可移动态 Zn 含量均较非根际土壤高。重金属胁迫条件植物也可能形成根际 pH 屏障限制重金属离子进入原生质，如镉的胁迫可减轻根际酸化过程。

（三）根际分泌物的影响

植物在根际分泌金属螯合分子，通过这些分子螯合和溶解与土壤相结合的金属，如根际土壤中的有机酸，通过络合作用影响土壤中金属的形态及在植物体内的运输，根系分泌物与重金属的生物有效性之间的研究也表明，根系分泌物在重金属的生物富集中可能起着极其重要的作用。小麦、水稻、玉米、烟草根系分泌物对镉虽然都具有络合能力，但前三者对镉的溶解度无明显影响，植株主要在根部积累镉。而烟草不同，其根系分泌物能提高镉的溶解度，植株则主要在叶部积累镉。一些学者甚至提出超积累植物从根系分泌特殊有机物，从而促进了土壤重金属的溶解和根系的吸收，但目前还没有研究证实这些假说。相反，根际高分子不溶性根系分泌物通过络合或螯合作用可以减轻重金属的毒害，有关玉米的试验结果表明，玉米根系分泌的黏胶物质包裹在根尖表面，成为重金属向根系迁移的“过滤器”。

（四）根际微生物的影响

微生物与重金属相互作用的研究已成为微生物学中重要的研究领域。目前，在利用细菌降低土壤中重金属毒性方面也有了许多尝试。据研究，细菌产生的特殊酶能还原重金属，且对 Cd、Co、Ni、Mn、Zn、Pb 和 Cu 等有亲和力。利用 Cr(Ⅵ)、Zn、Pb 污染土壤分离出来的菌种去除废弃物中的硒、铅毒性，研究结果表明，上述菌种均能将硒酸盐和亚硒酸盐、二价铅转化为不具毒性且结构稳定的胶态硒与胶态铅。

根际由于有较高浓度的碳水化合物、氨基酸、维生素和促进生长的其他物质存在，微生物活动非常旺盛。微生物能通过主动运输在细胞内富集重金属，一方面它可以通过与细胞外多聚体螯合而进入体内，另一方面它可以与细菌细胞壁的多元阴离子交换进入细胞。同时，微生物通过对重金属元素的价态转化或通过刺激植物根系的生长发育影响植物对重金属的吸收，微生物也能产生有机酸、提供质子及与重金属络合的有机阴离子。有机物分解的腐败物质及微生物的代谢产物也可以作为螯合剂而形成水溶性有机金属络合物。

因此，当污染土壤的植物修复技术蓬勃兴起时，微生物学家也将研究的重点投向根际微生物，他们认为菌根和非菌根根际微生物可以通过溶解、固定作用使重金属溶解到土壤溶液，进入植物体，最后参与食物链的传递，特别是内生菌根可能会大大促进植株对重金属的吸收能力，提高植物修复土壤的效率。

（五）根际矿物质的影响

矿物质是土壤的主要成分，也是重金属吸附的重要载体，不同的矿物对重金属的吸附有着显著的差异。在重金属污染防治中，也有利用添加膨润土、合成沸石等硅铝酸盐钝化土壤中锡等重金属的报道。据报道，根际矿物的丰度明显不同于非根际，特别是无定形矿物及膨胀性页硅酸盐在根际土壤发生了显著变化。从目前对土壤根际吸附重金属的行为研究来看，根际环境的矿物成分在重金属的可利用性中可能作用较大。

总之，植物富集重金属的机制及影响植物富集过程的根际行为在污染土壤植物修复中具有十分重要的地位，但由于其复杂性，人们对植物富集的各种调控机制及重金属在根际中的各种物理、化学和生物学过程如迁移、吸附－解吸、沉淀－溶解、氧化－还原、络合－解络等过程的认识还不够，因此在今后的研究中深入开展植物富集重金属及重金属胁迫根际环境的研究很有必要，在基础理论研究的同时，进一步开展植物富集能力体内诱导及根际土壤重金属活性诱导及环境影响研究。相信随着植物富集机制和根际强化措施的复合运用，重金属污染环境的植物修复潜力必将被进一步挖掘和发挥。

第三节　污染物生物修复

生物修复作为一种新型的污染环境修复技术，与传统的环境污染控制技术相比，具有降解速率快、处理成本低、无二次污染、环境安全性好等诸多优点。因此，利用生物修复来治理被有机物和重金属等污染物所污染的土壤和水体工程技术得到越来越广泛的应用。

一、生物修复的概念

不同的研究者对“生物修复”的定义有不同的表述。例如，“生物修复是指微生物催化降解有机物、转化其他污染物从而消除污染的受控或自发进行的过程”；“生物修复是指利用天然存在的或特别培养的微生物在可调控环境条件下将污染物降解和转化的处理技术”；“生物修复是指生物（特别是微生物）降解有机污染物，从而消除污染和净化环境的一个受控或自发进行的过程”。从中可知，生物修复的机理是“利用特定的生物（植物、微生物或原生动物）降解、吸收、转化或转移环境中的污染物”，生物修复的目标是“减少或最终消除环境污染，实现环境净化、生态效应恢复”。

广义的生物修复是指一切以利用生物为主体的环境污染的治理技术。它包括利用植物、动物和微生物吸收、降解、转化土壤和水体中的污染物，使污染物的浓度降低到可接受的水平，或将有毒有害的污染物转化为无害的物质，也包括将污染物稳定化，以减少其向周边环境的扩散。生物修复一般分为植物修复、动物修复和微生物修复三种类型。根据生物修复的污染物种类，它可分为有机污染生物修复、重金属污染的生物修复和放射性物质的生物修复等。

狭义的生物修复是指通过微生物的作用清除土壤和水体中的污染物，或是使污染物无害化的过程。它包括自然的和人为控制条件下的污染物降解或无害化过程。

二、生物修复的分类

按生物类群可把生物修复分为微生物修复、植物修复、动物修复和生态修复，而微生物修复是通常所称的狭义上的生物修复。

根据污染物所处的治理位置不同，生物修复可分为原位生物修复和异位生物修复两类：

原位生物修复（in-situ bioremediation）指在污染的原地点采用一定的工程措施进行修复。原位生物修复的主要技术手段是：添加营养物质，添加溶解氧，添加微生物或酶，添加表面活性剂，补充碳源及能源。

异位生物修复（ex-situ bioremediation）指移动污染物到反应器内或邻近地点采用工程措施进行修复。异位生物修复中的反应器类型大都采用传统意义上“生物处理”的反应器形式。

三、生物修复的特点

（一）生物修复的优点

与化学、物理处理方法相比，生物修复具有下列优点：

（1）经济花费少，仅为传统化学、物理修复经费的30%~50%；

（2）对环境影响小，不产生二次污染，遗留问题少；

（3）尽可能地降低污染物的浓度；

（4）对原位生物修复而言，污染物在原地被降解清除；

（5）修复时间较短；

（6）操作简便，对周围环境干扰少；

（7）人类直接暴露在这些污染物下的机会减少。

（二）生物修复的局限性

（1）微生物不能降解所有进入环境的污染物，污染物的难降解性、不溶性以及与土壤腐殖质或泥土结合在一起常常使生物修复不能进行。特别是对重金属及其化合物，微生物也常常无能为力。

（2）在应用时要对污染地点和存在的污染物进行详细的具体考察，

如在一些低渗透的土壤中可能不宜使用生物修复，因为这类土壤或在这类土壤中的注水井会由于细菌生长过多而阻塞。

（3）特定的微生物只降解特定类型的化学物质，状态稍有变化的化合物就可能不会被同一微生物酶所破坏。

（4）这一技术受各种环境因素的影响较大，因为微生物活性受温度、氧气、水分、pH 值等环境条件的变化影响。

（5）有些情况下，生物修复不能将污染物全部去除。当污染物浓度太低，不足以维持降解细菌的群落时，残余的污染物就会留在环境中。

四、生物修复的前提条件

在生物修复的实际应用中，必须具备以下各项条件。

（1）必须存在具有代谢活性的微生物。

（2）这些微生物在降解化合物时必须达到相当大的速率，并且能够将化合物浓度降至环境要求范围内。

（3）降解过程不产生有毒副产物。

（4）污染环境中的污染物对微生物无害或其浓度不影响微生物的生长，否则需要先行稀释或将该抑制剂无害化。

（5）目标化合物必须能被生物利用。

（6）处理场地或生物处理反应器的环境必须利于微生物的生长或微生物活性保持，例如，提供适当的无机营养、充足的溶解氧或其他电子受体，适当的温度、湿度，如果污染物能够被共代谢的话，还要提供生长所需的合适碳源与能源。

（7）处理成本可控。

以上各项前提条件都十分重要，达不到其中任何一项都会使生物降解无法进行，从而达不到生物修复的目的。

五、生物修复的可行性评估程序

（一）数据调查

（1）污染物的种类、化学性质及其分布、浓度，污染的时间；

（2）污染前后微生物的种类、数量、活性及在土壤中的分布情况；

（3）土壤特性，如温度、孔隙度和渗透率等；

（4）污染区域的地质、地理和气候条件。

（二）技术咨询

在掌握当地情况之后，应向相关信息中心查询是否在相似的情况下进行过就地生物处理，以便采用和借鉴他人经验。

（三）技术路线选择

对包括就地生物处理在内的各种土壤治理技术以及它们可能的组合进行全面客观的评价，列出可行的方案，并确定最佳技术路线。

（四）可行性试验

假如就地生物处理技术可行，就要进行小试和中试试验。在试验中收集有关污染毒性、温度、营养和溶解氧等限制性因素和有关参数资料，为工程的具体实施提供基础性技术参数。

（五）实际工程化处理

如果小试和中试都表明就地生物处理在技术和经济上可行，就可以开始就地生物处理计划的具体设计，包括处理设备、井位和井深、营养物和氧源等。

六、土壤污染的生物修复工程设计

（一）场地信息的收集

首先要收集场地具有的物理、化学和微生物特点，如土壤结构、pH值、可利用的营养物、竞争性碳源、土壤孔隙度、渗透性、容重、有机物、溶解氧、氧化还原电位、重金属、地下水位、微生物种群总量、降解菌数量、耐性和超积累性植物资源等。

其次要收集土壤污染物的理化性质，如所有组分的深度、溶解度、化学形态、剖面分布特征，以及其生物或非生物的降解速率、迁移速率等。

（二）可行性论证

可行性论证包括生物可行性和技术可行性分析。生物可行性分析是获得包括污染物降解菌在内的全部微生物群体数据、了解污染地发生的微生物降解植物吸收作用及其促进条件等方面的数据的必要手段，这些数据与场地信息一起构成生物修复工程的决策依据。

技术可行性研究旨在通过实验室所进行的试验研究提供生物修复设计的重要参数，并用取得的数据预测污染物去除率，达到清除标准所需的生物修复时间及经费。

（三）修复技术的设计与运行

根据可行性论证报告，选择具体的生物修复技术方法，设计具体的修复方案（包括工艺流程与工艺参数），然后在人为控制条件下运行。

（四）修复效果的评价

在修复方案运行终止时，要测定土壤中的残存污染物，计算原生污染物的去除率、次生污染物的增加率以及污染物毒性下降率等以便综合评定生物修复的效果。

原生污染物的去除率 =(原有浓度 - 现存浓度)/ 原有浓度 ×100%

次生污染物的增加率 =(现存浓度 - 原有浓度)/ 原有浓度 ×100%

污染物毒性下降率 =(原有毒性水平 - 现有毒性水平)/ 原有毒性水平 ×100%

七、生物修复的应用及进展

20 世纪 70 年代以来，环境生物技术和环境生物学的发展突飞猛进，这种势头一直延续到今天。虽然“生物修复”的出现只有十几年的历史，但是“生物修复”已经成为环境工程领域技术发展的重要方向，生物修复技术将成为生态环境保护最有价值和最有生命力的生物治理方法。

1989 年美国在“埃克森·瓦尔迪兹号”油轮石油泄漏的生物修复项目中，短时间内清除了污染，治理了环境，是生物修复成功应用的开端，同时也开创了生物修复在治理海洋污染中的应用，从此“生物修复”得到了政府环保部门的认可，并被多个国家用于土壤、地下水、地表水、海滩、海洋环境污染的治理。最初的“生物修复”主要是利用细菌治理石油、有机溶剂、多环芳烃、农药之类的有机污染。现在，“生物修复”已不仅仅局限在微生物的强化作用上，还拓展出植物修复、真菌修复等新的修复理论和技术。

自 1991 年 3 月，在美国的圣地亚哥举行了第一届原位生物修复国际研讨会，学者们交流和总结了生物修复工作的实践和经验，使生物修复技术的推广和应用走上了迅猛发展的道路。美国推出所谓的超基金项目，投入项目费用由 1994 年的 2 亿美元增加到 2000 年的 28 亿美元。中国的生物修复研究在过去的十余年中水平也有很大的提高。

第四节　生态修复技术与措施

一、生物多样性保护技术

（一）生物多样性丧失的原因

物种灭绝给人类造成的损失是不可弥补的。物种灭绝与自然因素有关，更与人类的行为有关。

物种的产生、进化和消亡本是一个缓慢的协调过程，但随着人类对自然干扰的加剧，在过去几十年间，物种的减少和灭绝已成为主要的生态环境问题。根据化石记录估计，哺乳动物和鸟类的背景灭绝速率为每 500~1 000 年灭绝一个种。而目前物种的灭绝速率高于其背景速率 100~1 000 倍。如此异乎寻常的不同层次的生物多样性丧失，主要是人类活动所致，包括生境的破坏及片段化、资源的过度开发、生物入侵、环境污染和气候变化等。其中生物栖息地的破坏和生境片段化（habitat fragmentation）对生物多样性的丧失“贡献”最大。

1. 生境的破坏和片段化

由于工农业的发展，围湖造田、森林破坏、城市扩大、水利工程建设、环境污染等的影响，生物的栖息地急剧减少，导致许多生物的濒危和灭绝。森林是世界上生物多样性最丰富的生物栖聚场所。仅拉丁美洲的亚马孙河的热带雨林就聚集了地球生物总量的 1/5。公元前 700 年，地球约有 2/3 的表面为森林所覆盖，而目前世界森林覆盖率不到 1/3，热带雨林的减少尤为严重。Wilson（1989）估计，若按保守数字每年 1% 的热带雨林消失率计，每年有 0.2%~0.3% 的物种灭绝，生物栖息地面积缩小，能够供养的生物种数自然减少。但与之相比，由于生境破坏而导致的生境片段化形成的生境岛屿对生物多样性减少的影响更大，这种影响间接导致生物的灭绝。比如森林的不合理砍伐，导致森林的不连续性斑块状分布，即所谓的生境岛屿，一方面使残留的森林的边缘效应扩大，原有的生境条件变得恶劣；另一方面改变了生物之间的生态关系，如生物被捕食、被寄生的概率增大。这两方面都间接地加速了物种的灭绝。近年来，野味店的兴起和奢侈品的消费热加剧了人们对野生动植物的乱捕滥杀、乱采滥挖。甚至连一些受国家保护的野生动物，也成了食客口中的佳肴。另外，由于人们采集过度，不少名贵的药用植物如杜仲、石斛、黄芪和天麻等已经濒临绝迹。

近年来，大西洋两岸几千只海豹由于DDT、多氯联苯等杀虫剂中毒死亡。人类向大气排放的大量污染物质，如氮氧化物、硫氧化物、碳氧化物、碳氢化合物等，还有各种粉尘、悬浮颗粒，使许多动植物的生存环境受到影响。大剂量的大气污染会使动物很快中毒死亡。水污染加剧水体的富营养化，使得鱼类的生存受到威胁。土壤污染也是影响生物多样性的重要因素之一。

2. 资源的不合理利用

农、林、牧、渔及其他领域的不合理的开发活动直接或间接地导致了生物多样性的减少。自20世纪50年代“绿色革命”中出现产量或品质方面独具优势的品种，被迅速推广传播，很快排挤了本地品种，印度尼西亚1 500个当地水稻品种在15年内消失。这种遗传多样性丧失造成农业生产系统抵抗力下降，而且随着作物种类的减少，当地固氮菌、捕食者、传粉者、种子传播者以及其他一些传统农业系统中通过几世纪共同进化的物种消失了。在林区，快速和全面地转向单优势种群的经济作物，正出现同样的现象。在经济利益的驱动下，水域中的过度捕捞，牧区的超载放牧，对生物物种的过度捕猎和采集等掠夺式利用方式，使生物物种难以正常繁衍。

3. 生物入侵

人类有意或无意地引入一些外来物种，破坏景观的自然性和完整性，物种之间缺乏相互制约，导致一些物种的灭绝，影响遗传多样性，使农业、林业、渔业或其他方面的经济遭受损失。在全世界濒危植物名录中，有 35%~46% 物种的濒危是部分或完全由外来物种入侵引起的。如澳大利亚袋狼灭绝的原因除了人为捕杀外，还有家犬的引入，家犬引入后产生野犬，种间竞争导致袋狼数量下降。

4. 环境污染

环境污染对生物多样性的影响除了使生物的栖息环境恶化，还直接威胁着生物的正常生长发育。农药、重金属等在食物链中的逐级浓缩、传递严重危害着食物链上端的生物。据统计，目前由于污染，全球已有 2/3 的鸟类生殖力下降，每年至少有 10 万只水鸟死于石油污染。

（二）保护生物多样性

保护生物多样性必须在遗传、物种和生态系统三个层次上都保护。保护的内容主要包括：一是对那些面临灭绝的珍稀濒危物种和生态系统的绝对保护；二是对数量较大的可以开发的资源进行可持续的合理利用。

保护生物多样性，主要可以从以下几个方面入手。

1. 就地保护

就地保护主要是就地设立自然保护区、国家公园、自然历史纪念地等，将有价值的自然生态系统和野生生物环境保护起来，以维持和恢复物种群体所必需的生存、繁衍与进化的环境，限制或禁止捕猎和采集，控制人类的其他干扰活动。

2. 迁地保护

迁地保护就是通过人为努力，把野生生物物种的部分种群迁移到适当的地方加以人工管理和繁殖，使其种群能不断有所扩大。迁地保护适合受到高度威胁的动植物物种的紧急拯救，如利用植物园、动物园、迁地保护基地和繁育中心等对珍稀濒危动植物进行保护。我国植物园保存的各类高等植物有 2 万多种。在我国已建的动物园中共饲养脊椎动物数百种。由于我国在珍稀动物的保存和繁育技术方面不断取得进展，许多珍稀濒危动物可以在动物园进行繁殖。

3. 离体保护

在就地保护及迁地保护都无法实施保护的情况下，生物多样性的离体保护应运而生。通过建立种子库、精子库、基因库，对生物多样性中的物种和遗传物质进行离体保护。

4. 放归野外

我国对养殖繁育成功的濒危野生动物，逐步放归自然进行野化。例如，麋鹿、东北虎、野马的放归野化工作已取得一定成效。

保护生物多样性是我们每一个公民的责任和义务。善待众生首先要树立良好的行为规范，不参与乱捕滥杀、乱砍滥伐的活动，拒吃野味，还要广泛宣传保护物种的重要性，坚决同破坏物种资源的现象做斗争。

此外，健全法律法规、防治污染、加强环境保护宣传教育和加大科学研究力度等也是保护生物多样性的重要途径。

在保护生物多样性的工作中，采用科学研究途径，探索现存野生生物资源的分布、栖息地、种群数量、繁殖状况、濒危原因，研究和分析开发利用现状、已采取的保护措施、存在的问题等。其具体研究途径包括以下几方面。

①分析生物多样性现状。

②对特殊生物资源进行研究。

③研究生物多样性保护与开发利用关系。

④实行生物种资源的就地保护。

⑤实行生物种资源的迁地保护。

⑥建立种质资源基因库。

⑦研究环境污染对生物多样性的影响。

⑧建立自然保护区，加强生物多样性保护的策略研究，采用先进的科学技术手段，如遥感系统、地理信息系统、全球定位系统等。

二、湖泊生态系统的修复

（一）湖泊生态系统修复的生态调控措施

治理湖泊的方法有：物理方法，如机械过滤、疏浚底泥和引水稀释等；化学方法，如杀藻剂杀藻等；生物方法，如放养鱼等；物化法，如木炭吸附藻毒素等。各类方法的主要目的是降低湖泊内的营养负荷，控制过量藻类的生长，均取得了一定的成效。

1. 物理、化学措施

在控制湖泊营养负荷实践中，研究者已经发明了许多方法来降低内部磷负荷，如通过水体的有效循环，不断干扰温跃层，可加快水体与溶解氧、溶解物等的混合，有利于水质的修复。削减浅水湖的沉积物，采用铝盐及铁盐离子对分层湖泊沉积物进行化学处理，向深水湖底层充入氧或氮。

2. 水流调控措施

湖泊具有水“平衡”现象，它影响着湖泊的营养供给、水体滞留时间及由此产生的湖泊生产力和水质。若水体滞留时间很短，如在 10 d 以内，藻类生物不可能积累。水体滞留时间适当时，既能大量提供植物生长所需营养物，又有足够的时间供藻类吸收营养促进其生长和积累。如有足够的营养物和 100 d 以上到几年的水体滞留时间，可为藻类生物量的积累提供足够的条件。因此，营养物输入与水体滞留时间对藻类生产的共同影响，成为预测湖泊状况变化的基础。

为控制浮游植物的增加，使水体内浮游植物的损失超过其生长，除对水体滞留时间进行控制或换水外，增加水体冲刷以及其他不稳定因素也能实现这一目的。由于在夏季浮游植物生长不超过 5 d，因此这种方法在夏季不宜采用。但是，在冬季浮游植物生长慢的时候，冲刷等流速控制方法可能是一种更实用的修复措施，尤其对于冬季藻青菌的浓度相对较高的湖泊十分有效。冬季冲刷之后，藻类数量大量减少，次年早春湖泊中大型植物就可成为优势种群。这一措施已经在荷兰一些湖泊生态系统修复中得到广泛应用，且取得了较好的效果。

3. 水位调控措施

水位调控已经被作为一类广泛应用的湖泊生态系统修复措施。这种方法能够促进鱼类活动，改善水鸟的生境，改善水质，但由于娱乐、自然保护或农业等因素，有时对湖泊进行水位调节或换水不太现实。

由自然和人为因素引起的水位变化，会涉及多种因素，如湖水浑浊度、水位变化程度、波浪的影响（与风速、沉积物类型和湖的大小有关）和植物类型等，这些因素的综合作用往往难以预测。一些理论研究和经验数据表明水深和沉水植物的生长存在一定关系：如果水过深，植物生长会受到光线限制；如果水过浅，频繁的再悬浮和较差的底层条件，会使得沉积物稳定性下降。

通过影响鱼类的聚集，水位调控也会对湖水产生间接的影响。在一些水库中，有人发现改变水位可以减少食草鱼类的聚集，进而改善水质。而且，短期的水位下降可以促进鱼类活动，减少食草鱼类和底栖鱼类数量，增加食肉性鱼类的生物量和种群大小。这可能是因为低水位生境使受精鱼卵干涸而无法孵化，或者增加了被捕食的危险。

此外，水位调控还可以控制损害性植物的生长，为营养丰富的浑浊湖泊向清水状态转变创造有利条件。浮游动物对浮游植物的取食量由于水位下降而增加，改善了水体透明度，为沉水植物生长提供了良好的条件。这种现象常常发生在富含营养底泥的重建性湖泊中。该类湖泊营养物浓度虽然很高，但由于含有大量的大型沉水植物，在修复后一年之内很清澈，然而几年后，便会重新回到浑浊状态，同时伴随着食草性鱼类的迁徙进入。

4. 大型水生植物的保护和移植

因为水生植物处于初级生产者的地位，它们相互竞争营养、光照和生长空间等生态资源，所以水生植物的生长及修复对于富营养化水体的生态修复具有极其重要的地位和作用。

围栏结构可以保护大型植物免遭水鸟的取食，这种方法也可以作为鱼类管理的一种替代或补充方法。围栏能提供一个不被取食的环境，大型植物可在其中自由生长和繁衍。另外，植物或种子的移植也是一种可选的方法。

5. 生物操纵与鱼类管理

生物操纵（biomanipulation）即通过去除浮游生物捕食者或添加食鱼动物降低以浮游生物为食鱼类的数量，使浮游动物的体型增大，生物量增加，从而提高浮游动物对浮游植物的摄食效率，降低浮游植物的数量。生物操纵可以通过许多不同的方式来克服生物的限制，进而加强对浮游植物的控制，利用底栖食草性鱼类减少沉积物再悬浮和内部营养负荷。

引人注目的是，在富营养化湖中，鱼类数目减少通常会引发一连串的短期效应。浮游植物生物量的减少改善了透明度。小型浮游动物遭鱼类频繁的捕食，使叶绿素 a 与总磷的比率常常很高，鱼类管理导致营养水平降低。

在浅的分层富营养化湖泊中进行的试验中，总磷浓度下降30%~50%，水底微型藻类的生长通过改善沉积物表面的光照条件，刺激了无机氮和磷的混合。由于捕食率高（特别是在深水湖中），水底藻类、浮游植物不会沉积太多，低的捕食压力下更多的水底动物最终会导致沉积物表面更高的氧化还原作用，这就减少了磷的释放，进一步加快了硝化－脱氮作用。此外，底层无脊椎动物和藻类可以稳定沉积物，因此减少了沉积物再悬浮的概率。更低的鱼类密度减轻了鱼类对营养物浓度的影响。而且，营养物随着鱼类的运动而移动，随着鱼类而移动的磷含量超过了一些湖泊的平均含量，相当于 20%~30% 的平均外部磷负荷，这相比于富营养湖泊中的内部负荷还是很低的。

人们发现：如果浅的温带湖泊中磷的质量浓度减少到 0.10 mg/L，并且水深超过 6 m 时，鱼类管理将会产生重要的影响，其关键是使生物结构发生改变。然而，如果氮负荷比较低，总磷的消耗会由于鱼类管理而发生变化。

6. 适当控制大型沉水植物的生长

虽然大型沉水植物的重建是许多湖泊生态系统修复工程的目标，但密集植物床在营养化湖泊中出现时也有危害性，如降低垂钓等娱乐价值，妨碍船的航行等。此外，生态系统的组成会由于入侵物种的过度生长而发生改变，如欧亚孤尾藻在美国和非洲的许多湖泊中已对当地植物构成严重威胁。对付这些危害性植物的方法包括特定食草昆虫如象鼻虫和食草鲤科鱼类的引入、每年收割、沉积物覆盖、下调水位或用农药进行处理等。

通常，收割和水位下降只能起短期的作用，因为这些植物群落的生长很快而且外部负荷高。引入食草鲤科鱼类的作用很明显，因此目前世界上此方法应用最广泛，但该类鱼过度取食又可能使湖泊由清澈转为浑浊状态。另外，鲤鱼不好捕捉，这种方法也应该谨慎采用。实际应用过程中很难达到大型沉水植物的理想密度以促进群落的多样性。

大型植物蔓延的湖泊中，经常通过挖泥机或收割的方式来实现其数量的削减。这可以提高湖泊的娱乐价值，提高生物多样性，并对肉食性鱼类有好处。

7. 蚌类与湖泊的修复

蚌类是湖泊中有效的滤食者。有时大型蚌类能够在短期内将整个湖泊的水过滤一次。但在浑浊的湖泊很难见到它们的身影，这可能是由于它们在幼体阶段即被捕食。这些物种的再引入对于湖泊生态系统修复来说切实有效，但尚未得到重视。

19 世纪时，斑马蚌进入欧洲，当其数量足够大时会对水的透明度产生重要影响，已有试验表明其重要作用。基质条件的改善可以提高蚌类的生长速度。蚌类在改善水质的同时也增加了水鸟的食物来源，但也不排除产生问题的可能。如在北美，蚌类由于缺乏天敌而迅速繁殖，已经达到很大的密度，大量的繁殖导致了五大湖近岸带叶绿素 a 与总磷的比率大幅度下降，加之恶臭水输入水库，从而让整个湖泊生态系统产生难以控制的影响。

（二）陆地湖泊生态修复的方法

湖泊生态修复的方法，总体而言可以分为外源性营养物质的控制措施和内源性营养物质的控制措施两大部分。

1. 外源性方法

（1）截断外来污染物的排入。

由于湖泊污染、富营养化基本上来自外来物质的输入。因此要采取如下几个方法进行截污。首先，对湖泊进行生态修复的重要环节是实现流域内废水、污水的集中处理，使之达标排放，从根本上截断湖泊污染物的输入。其次，对湖区来水区域进行生态保护，尤其是植被覆盖率低的地区，要加强植树种草，扩大植被覆盖率，目的是对湖泊产水区的污染物削减净化，从而减少来水污染负荷。因为，相对于较容易实现截断控制的点源污染，面源污染量大，分布广，尤其主要分布在农村地区或山区，控制难度较大。再次，应加强监管，严格控制湖滨带度假村、餐饮的数量与规模，并监管其废水、污水的排放。对游客产生的垃圾要及时处理，尤其要采取措施防治隐蔽处的垃圾产生。规范渔业养殖及捕捞，退耕还湖，保护周边生态环境。

（2）恢复和重建湖滨带湿地生态系统。

湖滨带湿地是水陆生态系统间的一个过渡和缓冲地带，具有保持生物多样性、调节相邻生态系统稳定性、净化水体、减少污染等功能。建立湖滨带湿地，恢复和重建湖滨水生植物，利用其截留、沉淀、吸附和吸收作用，净化水质，控制污染物。同时，能够营造人水和谐的亲水空间，也为水生动物修复其生存空间及环境。

2. 内源性方法

（1）物理法。

引水稀释。通过引用清洁外源水，对湖水进行稀释和冲刷。这一措施可以有效降低湖内污染物的浓度，提高水体的自净能力。这种方法只适用于可用水资源丰富的地区。

底泥疏浚。多年的自然沉积，湖泊的底部积聚了大量的淤泥。这些淤泥富含营养物质及其他污染物质，如重金属能为水生生物提供营养物质来源，而底泥污染物释放会加速湖泊的富营养化进程，甚至引起水华的发生。因此，疏浚底泥是一种减少湖泊内营养物质来源的方法。但施工中必须注意防止底泥的泛起，对移出的底泥也要进行合理的处理，避免二次污染的发生。

底泥覆盖。底泥覆盖的目的与底泥疏浚相同，在于减少底泥中的营养盐对湖泊的影响，但这一方法不是将底泥完全挖出，而是在底泥层的表面铺设一层渗透性小的物质，如生物膜或卵石，可以有效减少水流扰动引起底泥翻滚的现象，抑制底泥营养盐的释放，提高湖水清澈度，促进沉水植物的生长。但需要注意的是，铺设透水性太差的材料，会严重影响湖泊固有的生态环境。

其他一些物理方法。除了以上三种较成熟、简便的措施外，还有其他一些新技术投入应用，如水力调度技术、气体抽提技术和空气吹脱技术。水力调度技术是根据生物体的生态水力特性，人为营造出特定的水流环境和水生生物所需的环境，来抑制藻类大量繁殖。气体抽取技术是利用真空泵和井，将受污染区的有机物蒸气或转变为气相的污染物，从湖中抽取，收集处理。空气吹脱技术是将压缩空气注入受污染区域，将污染物从附着物上去除，结合提取技术可以得到较好效果。

（2）化学方法。

化学方法就是针对湖泊中的污染特征，投放相应的化学药剂，应用化学反应除去污染物质而净化水质的方法。常用的化学方法有：对于磷元素超标，可以通过投放硫酸铝 $[Al_2(SO_4)_3 \cdot 18H_2O]$，去除磷元素；针对湖水酸化，通过投放石灰来进行处理；对于重金属元素，常常投放石灰和硫化钠等；投放氧化剂来将有机物转化为无毒或者毒性较小的化合物，常用的有二氧化氯、次氯酸钠或者次氯酸钙、过氧化氢、高锰酸钾和臭氧。但需要注意的是，化学方法处理虽然操作简单，但费用较高，而且往往容易造成二次污染。

（3）生物方法。

生物方法也称生物强化法，主要是依靠湖水中的生物，增强湖水的自净能力，从而达到恢复整个生态系统的方法。

①深水曝气技术。当湖泊出现富营养化现象时，往往是水体溶解氧大幅降低，底层甚至出现厌氧状态。深水曝气便是通过机械方法将深层水抽取上来，进行曝气，之后回灌，或者注入纯氧和空气，使得水中的溶解氧增加，改善厌氧环境为好氧环境，使藻类数量减少，水华程度明显减轻。

②水生植物修复。水生植物是湖泊中主要的初级生产者之一，往往是决定湖泊生态系统稳定的关键因素。水生植物生长过程中能将水体中的富营养化物质如氮、磷元素吸收、固定，既能满足生长需要，又能净化水体。但修复湖泊水生植物是一项复杂的系统工程，需要考虑整个湖泊现有水质、水温等因素，确定适宜的植物种类，采用适当的技术方法，逐步进行恢复。具体的技术方法如下。第一，人工湿地技术。通过人工设计建造湿地系统，适时适量收割植物，将营养物质移出湖泊系统，从而达到修复整个生态系统的目的。第二，生态浮床技术。采用无土栽培技术，以高分子材料为载体和基质（如发泡聚苯乙烯），综合集成的水面无土种植技术，既可种植经济作物，又能利用废弃塑料，同时不受光照等条件限制，应用效果明显。这一技术与人工湿地的最大优势就在于不占用土地。第三，前置库技术。前置库是位于受保护的湖泊水体上游支流的天然或人工库（塘）。前置库不仅可以拦截暴雨径流，还具有吸收、拦截部分污染物质、富营养物质的功能。在前置库中种植合适的水生植物能有效地达到这一目标。这一技术与人工湿地类似，但位置更靠前，处于湖泊水体主体之外，对水生植物修复方法而言，能较为有效地恢复水质，而且投入较低，实施方便，但由于水生植物有一定的生命周期，应该及时予以收割处理，减少因自然调零腐烂而引起的二次污染。同时选择植物种类时也要充分考虑湖泊自身生态系统中的品种，避免因引入物质不当而引起的生物入侵。

③水生动物修复。方法主要利用湖泊生态系统中食物链关系，通过调节水体中生物群落结构来控制水质，主要是调整鱼群结构，针对不同的湖泊水质问题类型，在湖泊中投放、发展某种鱼类，抑制或消除另外一些鱼类，使整个食物网适合于鱼类自身对藻类的捕食和消耗，从而改善湖泊环境。比如通过投放肉食性鱼类来控制浮游生物食性鱼类或底栖生物食性鱼类，从而控制浮游植物的大量生长；投放植食（滤食）性鱼类，

影响浮游植物，控制藻类过度生长。水生动物修复方法成本低廉，无二次污染，同时可以收获水产品，在较小的湖泊生态系统中应用效果较好。但对大型湖泊，由于其食物链、食物网关系复杂，需要考虑的因素较多，应用难度相应增加，同时也需要考虑生物入侵问题。

④生物膜技术。这一技术是指根据天然河床上附着生物膜的过滤和净化作用，应用表面积较大的天然材料或人工介质为载体，利用其表面形成的黏液状生态膜，对污染水体进行净化。由于载体上富集了大量的微生物，能有效拦截、吸附、降解污染物质。

（三）城市湖泊的生态修复方法

北方湖泊要进行生态修复，首先要进行城市湖泊生态面积的计算及最适生态需水量的计算。其次，进行最适面积的城市湖泊建设，每年保证最适生态需水量的供给，采用与南方城市湖泊同样的生态修复方法。南、北城市湖泊相同的生态修复方法如下。

1. 清淤疏浚与曝气相结合

造成现代城市湖泊富营养化的主要原因是氮、磷等元素的过量排放，其中氮元素在水体中可以被重吸收进行再循环，而磷元素却只能沉积于湖泊的底泥中。因此，单纯的截污和净化水质是不够的，要进行清淤疏浚。对湖泊底泥污染的处理，首先应是曝气或与引入耗氧微生物相结合的方法进行处理，然后再进行清淤疏浚。

2. 种植水生生物

在疏浚区的岸边种植挺水植物和浮叶植物，在游船活动的区域种植不同种类的沉水植物。根据水位的变化及水深情况，选择乡土植物形成湿生－水生植物群落带。所选野生植物包括黄菖蒲、水葱、萱草、荷花、睡莲、野菱等。植物生长能促进悬浮物的沉降，增加水体的透明度，吸收水和底泥中的营养物质，改善水质，增加生物多样性，并有良好的景观效果。

3. 放养滤食性的鱼类和底栖生物

放养鲢鱼、鳙鱼等滤食性鱼类和水蚯蚓、羽苔虫、田螺、圆蚌、湖蚌等底栖动物，依靠这些动物的过滤作用，减轻悬浮物的污染，增加水体的透明度。

4. 彻底切断外源污染

外源污染是指来自湖泊以外区域的污染，包括城市各种工业污染、生活污染、家禽养殖场及家畜养殖场的污染。要做到彻底切断外源污染，一要关闭以前所有通往湖泊的排污口；二要运转原有污水污染物处理厂；三要增建新的处理厂、进行合理布局，保证所有处理厂的处理量等于甚至略大于城市的污染产生量，保证每个处理厂正常运转，并达标排放。污水污染物处理厂，包括工业污染处理厂、生活污染处理厂及生活污水处理厂。工业污染物要在工业污染处理厂进行处理。生活固态污染物要在生活污染处理厂进行处理。生活污水、家禽养殖场及家畜养殖场的污水、废水引入生活污水处理厂进行处理。

5. 进行水道改造工程

有些城市湖泊为死水湖，容易滞水而形成污染，要进行湖泊的水道连通工程，让死水湖变为活水湖，保持水分的流动性，消除污水的滞留以达到稀释、扩散从而得以净化。

6. 实施城市雨污分流工程及雨水调蓄工程

城市雨污分流工程主要是将城市降水与生活污水分开。雨水调蓄工程是在城市建地下初降雨水调蓄池，贮藏初降雨水。初降雨水，既带来了大气中的污染物，又带来了地表面的污染物，是非点源污染的携带者，不经处理，长期积累，将造成湖泊的泥沙沉积及污染。建初降雨水调蓄池，在降雨初期暂存高污染的初降雨水，然后在降雨后引入污水处理厂进行处理，这样可以防止初降雨水带来的非点源污染对湖泊的影响。实施城市雨污分流工程，把城市雨水与生活污水分离开，将后期基本无污染的降水直接排入天然水体，从而减轻污水处理厂的负担。

7. 加强城市绿化带的建设

城市绿化带美化城市景观的作用不仅表现在吸收二氧化碳，制造氧气，防风防沙，保持水土，减缓城市"热岛"效应，调节气候，还有其他很重要的生态修复作用如滞尘、截尘、吸尘作用和吸污、降污作用。城市绿化带的建设包括河滨绿化带、道路绿化带、湖泊外缘绿化带等的建设。在城市绿化带的建设中，建议种植乡土种植物，种类越多样越好，这样不容易出现生物入侵现象，互补性强，自组织性强，自我调节力强，稳定性高，容易达到生态平衡。

8. 打捞悬浮物

设置打捞船只，及时进行树叶、纸张等杂物的清理，保持水面干净。

三、河流生态系统的修复

（一）自然净化修复

自然净化是河流的一个重要特征，指河流受到污染后能在一定程度上通过自然净化使河流恢复到受污染以前的状态。污染物进入河流后，在水流中有机物经微生物氧化降解，逐渐被分解，最后变为无机物，并进一步被分解、还原，水质得到恢复，这是水体的自净作用。水体自净作用包括物理、化学及生物学过程，通过改善河流水动力条件、提高水体中有益菌的数量等，有效提高水体的自净作用。

（二）植被修复

恢复重建河流岸边带湿地植物及河道内的多种生态类型的水生高等植物，可以有效提高河岸抗冲刷强度、河床稳定性，也可以截留陆源的泥沙及污染物，还可以为其他水生生物提供栖息、觅食、繁育场所，改善河流的景观功能。

在水工、水利安全许可的前提下，尽可能地改造人工砌护岸、恢复自然护坡，恢复重建河流岸边带湿地植物，因地制宜地引种、栽培多种类型的水生高等植物。在不影响河流通航、泄洪排涝的前提下，在河道内也可引种沉水植物等，以改善水环境质量。

（三）生态补水

河流生态系统中的动物、植物及微生物组成都是长期适应特定水流、水位等特征而形成的特定的群落结构。为了保持河流生态系统的稳定，应根据河流生态系统主要种群的需要，调节河流水位、水量等，以满足水生高等植物的生长、繁殖。例如，在洪涝年份，应根据水生高等植物的耐受性，及时采取措施降低水位，避免水位过高对水生高等植物的压力；在干旱年份，水位太低，河床干枯，为了保证水生高等植物正常生长繁殖，必须适当提高水位，满足水生高等植物的需要。

（四）生物 - 生态修复技术

生物 - 生态修复技术是通过微生物的接种或培养，实现水中污染物的迁移、转化和降解，从而改善水环境质量;同时，引种各植物、动物等，调整水生生态系统结构，强化生态系统的功能，进一步消除污染，维持优良的水环境质量和生态系统的平衡。

从本质上说，生物 - 生态修复技术是对自然恢复能力和自净能力的一种强化。生物生态修复技术必须因地制宜，根据水体污染特性、水体物理结构及生态结构特点等，将生物技术、生态技术合理组合。

常用的生物 - 生态修复技术包括生物膜技术、固定化微生物技术、高效复合菌技术、植物床技术和人工湿地技术等。

生物 - 生态修复技术对河流的生态修复从消除污染着手，不断改善生境，为生态修复重建奠定基础，而生态系统的构建又为稳定和维持环境质量提供保障。

（五）生物群落重建技术

生物群落重建技术是利用生态学原理和水生生物的基础生物学特性，通过引种、保护和生物操纵等技术措施，系统地重建水生生物多样性。

四、湿地的生态修复

（一）湿地生态修复的方法

1. 湿地补水增湿措施

所有的湿地都存在短暂的丰水期，但各个湿地在用水机制方面存在很大的自然差异。在多数情况下，湿地及周围环境的排水、地下水过度开采等人类活动对湿地水环境具有很大的影响。一般认为许多湿地在实际情况下要比理想状态易缺水干枯，因此对湿地采取补水增湿的措施很有必要，但根据实践结果发现，这种推测未必成立。原因在于目前湿地水位的历史资料仍然不完备，而且部分干枯湿地是由自然界干旱引起的。有资料表明适当的湿地排水不但不会破坏湿地环境，反而会增加湿地物种的丰富度。

但一般对曾失水过度的湿地来讲，湿地生态修复的前提条件是修复其高水位。但想完全修复原有湿地环境，单单对湿地进行补水是不够的，因为在湿地退化过程中，湿地生态系统的土壤结构和营养水平均已发生变化，如酸化作用和氮的矿化作用是排水的必然后果。而增湿补水伴随着氮、磷的释放，特别是在补水初期，因此，湿地补水必须要解决营养物质的积累问题。此外，钾缺乏也是排水后的泥炭地土壤的特征之一，这将是限制或影响湿地成功修复的重要因素。

可见，进行补水对于湿地生态修复来说仅仅是一个前奏，还需要进行很多的后续工作。而且，由于缺乏湿地水位的历史资料，人们往往很难准确估计补充水量的多少。一般而言，补水的多少应通过目标物种或群落的需水方式来确定，水位的极大值、极小值、平均最大值、平均最小值、平均值以及水位变化的频率与周期都可以影响湿地生态系统的结构与功能。

湿地补水首先要明确湿地水量减少的原因。修复湿地的水量也可通过挖掘降低湿地表面以补偿降低的水位、通过利用替代水源等方式进行。在多数情况下，技术上不会对补水增湿产生限制，而困难主要集中在资源需求、土地竞争等方面。在此讨论的湿地补水措施包括减少湿地排水、直接输水和重建湿地系统的供水机制。

（1）减少湿地排水。

目前减少湿地排水的方法主要有两种：一种是在湿地内挖掘土壤形成潟湖以蓄积水源；另一种方法是在湿地生态系统的边缘构建木材或金属围堰以阻止水源流失，这种方法是一种最简单和普遍应用的湿地保水措施，但是地表土壤的物理性质被改变后，单凭堵塞沟壑并不能有效地给湿地补水，必须辅以其他的方法。

填堵排水沟壑的目的是减少湿地的横向排水，但在某些情况下，沟壑对湿地的垂直向水流也有一定作用。堵塞排水沟时可以通过构造围堰减少排水沟中的水流，在整个沟壑中铺设低渗透性材料可减少垂直向的排水。

在由高水位形成的湿地中，构建围堰是很有效的。除了减少排水，围堰的水位还应比湿地原始状态更高。但高水位也潜藏着隐患：营养物质在沟壑水中的含量高时，会渗透到相连的湿地中，对湿地中的植物直接造成负面影响。对于由地下水上升而形成的湿地，构建围堰需进行认真的评价。因为横向水流是此类湿地形成的主要原因，围堰可能造成淤塞，非自然性的低潜能氧化还原作用可能会增加植物毒素的产生。

湿地供水减少而产生的干旱缺水这一问题可通过围堰进行缓解。但对于其他原因引起的缺水，构建围堰并不一定适宜，因为它改变了自然的水供给机制，有时需要工作人员在次优的补水方式和不采取补水方式之间进行抉择。

减少横向水流的主要方式是在大范围内蓄水。堤岸是一类长的围堰，通常在湿地表面内部或者围绕着湿地边界修建，以形成一个浅的潟湖。对于一些因泥炭采掘、排水和下陷所形成的泥炭沼泽地，可以用堤岸封住其边缘。泥炭废弃地边缘的水位下降程度主要取决于泥炭的水传导性质和水位梯度。有时上述两个变量之一或全部值都很小时，会形成一个很窄的水位下降带，这种情况下通常不需补水。在水位比期望值低很多的情况下，堤岸是一种有效的补水工具，它不但允许小量洪水流入，而且还能减少水向外泄漏。

修建堤岸的材料很多，包括以黏土为核的泥炭、低渗透性的泥炭黏土以及最近发明的低渗透膜。其设计一般取决于材料本身的用途和不同泥炭层的水力性质。沼泽破裂的可能性和堤岸长期稳定性也需要重视。对于那些边缘高度差较大（>1.5 m）的地方，相比于单一的堤岸，采用阶梯式的堤岸更合理。阶梯式的堤岸可通过在周围土地上建立一个阶梯式的潟湖或在地块边缘挖掘出一系列台阶实现。前者不需要堤岸与要修复的废弃地毗连，因为它的功能是保持周围环境的高水位。这种修建堤岸方式类似于建造一个浅的潟湖。

（2）直接输水。

对于由于缺少水供给而干涸的湿地，在初期采用直接输水来进行湿地修复效果明显。人们可以铺设专门给水管道，也可利用现有的河渠作为输水管道进行湿地直接输水。供给湿地的水源除了从其他流域调集外，还可以利用雨水进行水源补给。雨水补水难免会存在一定的局限性，特别是在干燥的气候条件下，但不得不承认雨水输水确实具有可行性，如可划定泥炭地的部分区域作为季节性的供水蓄水池（Water Supply Reservoir），充当湿地其他部分的储备水源。在地形条件允许的情况下，雨水输水可以通过引力作用进行排水（包括通过梯田式的阶梯形补水、排水管网或泵）。潟湖的水位通过泵排水来维持，效果一般不好，因为有资料表明它可能导致水中可溶物质增加。但若雨水是唯一可利用的补水源，相对季节性的低水位而言这种方式仍然是可行的。

（3）重建湿地系统的供水机制。

湿地生态系统的供水机制改变而引起湿地的水量减少时，重建供水机制也是一种修复的方法，但是，由于大流域的水文过程影响着湿地，修复原始的供水机制需要对湿地和流域都加以控制，这种方法缺少普遍可行性。单一问题引起的供水减少更适合应用修复供水机制的方法（如取水点造成的水量减少），这种方法虽然简单但很昂贵，并且想保证湿地生态系统的完全修复仅通过修复原来的水供给机制不够全面。

表 3-1 描述了湿地类型及其修复方式。

2. 控制湿地营养物

许多地区的淡水湿地中富含营养物质都是由于水源营养积累作用（特别是农业或者工业的排放）造成的。营养物质的含量受水质、水流源区以及湿地生态系统本身特征的影响。由于湿地生态系统面积较大，对一个具体的湿地而言，一般无法预测营养物质的阈值要达到多少才能对生态修复的过程起决定性作用。

水量减少的湿地，由于干旱，沉积在土壤里的很多营养物质会被矿化。矿化的营养物质会造成土壤板结，致使排水不畅。已有研究表明排水后的湿地土壤中氮的矿化作用会增加，磷的解吸附速率以及脱氮速率可因水位升高而加快。这种超量的营养物积累或者矿化可能对生态修复造成负面的影响，因此，湿地系统中的有机物含量需人为进行调整，通常情况下是降低湿地生态系统中的有机物含量。降低湿地生态系统中有机物含量的方法包括吸附吸收法、剥离表土法、脱氮法和收割法。

表 3-1　湿地类型及其修复方式

湿地类型	修复的表现指标	修复策略
低位沼泽	水文（水温、水周期） 营养物（氮、磷） 动物（珍稀及濒危动物） 植被（盖度、优势种） 生物量	减少营养物输入 修复高地下水位 草皮迁移 割草及清除灌丛 修复对富含 Ca、Fe 地下水的排泄
湖泊	富营养化 溶解氧 水质 沉积物毒性 鱼体化学品含量 外来物种	增加湖泊的深度和广度 减少点源、非点源污染 迁移营养沉积物 消除过多草类 生物调控
河流、河缘湿地	河水水质 混浊度 鱼类毒性 沉积物	疏浚河道 切断污染源 增加非点源污染净化带 防止侵蚀沉积
红树林湿地	溶解氧 潮汐波 生物量 碎屑 营养物循环	禁止矿物开采 严禁滥伐 控制不合理建设 减少废物堆积

3. 改善湿地酸化环境

湿地酸化是指湿地土壤表面及其附近环境 pH 值降低的现象。湿地酸化程度取决于湿地系统的给排水状况、进入湿地的污染物种类与性质（金属阳离子和强酸性阴离子吸附平衡）以及湿地植物组成等。在某些地区，酸化是湿地在自然条件下自发的过程，与泥炭的积累程度密不可分，但不受水中矿物成分的影响。酸化现象较易出现在天然水塘中漂浮的植物周围和被洪水冲击的泥炭层表面。湿地土壤失水会导致 pH 值下降。此外，有些情况下硫化物的氧化也会引起酸性（硫酸）土壤含量的增加。

4. 控制湿地演替和木本植物入侵

一些湿地生境处于顶级状态（如由雨水产生的鱼塘）、次顶级状态（如一些沼泽地）或者演替进程缓慢（如一些盐碱地它们具有长期的稳定性）。多数湿地植被处于顶级状态，演替变化相当快，会产生大量较矮的草地，同时草本植物易被木本植物入侵，从而促成了湿地的消亡。因此，控制或阻止湿地演替和木本植物入侵成为许多欧洲地区湿地修复性管理的主要工作，相比之下，这种工作在其他地方却没有得到普遍重视。部分原因在于历史上人们普遍任湿地在生境自然发展，而缺乏对湿地的有效管理或管理方式不正确。

5. 修复湿地乡土植被

湿地乡土植被修复主要通过两种方式进行：一种方式是从湿地系统外引种，进行人工植被修复；另一种是利用湿地自身种源进行天然植被修复。

（二）陆地湿地恢复的技术方法

1. 湿地生境恢复技术

这一类技术是指通过采取各类技术措施提高生境的异质性和稳定性，包括湿地基底恢复、湿地水状态恢复和湿地土壤恢复。①基底恢复。通过运用工程措施，维持基底的稳定，保障湿地面积，同时对湿地地形、地貌进行改造。具体技术包括湿地及上游水土流失控制技术和湿地基底改造技术等。②湿地水状态恢复。此部分包括湿地水文条件的恢复和湿地水质的改善。水文条件的恢复可以通过修建引水渠、筑坝等水利工程来实现。前者可增加来水，后者可减少湿地排水。通过这两个方面来对湿地进行补水保水措施。水往往是湿地生态系统最敏感的一个因素。对于缺少水供给而干涸的湿地，可以通过直接输水来进行初期的湿地修复。之后可以通过工程措施来对湿地水文过程进行科学调度。对湿地水质的改善，可以应用污水处理技术、水体富营养化控制技术等来进行。污水处理技术主要针对湿地上游来水过程，目的是减少污染物质的排入。而水体富营养化控制技术，往往针对湿地水体本身。这一技术又分为物理、化学及生物等方法。③湿地土壤恢复。这部分包括土壤污染控制技术、土壤肥力恢复技术等。

2. 湿地生物恢复技术

这一部分技术方法主要包括物种选育和培植技术、物种引入技术、物种保护技术、种群动态调控技术、种群行为控制技术、群落结构优化配置与组建技术、群落演替控制与恢复技术等。对于湿地生物恢复而言，最佳的选择便是利用湿地自身种源进行天然植被恢复。这样可以避免因为引入外来物种而发生的生物入侵现象。天然种源恢复包括湿地种子库和孢子库、种子传播和植物繁殖体三类。湿地种子库指排水不良的土壤是一个丰富的种子库，与现存植被有很大的相似性。因为湿地植被形成的种子库的能力有很大不同，所以其重要性对于不同湿地类型也不尽相同。一般来说，丰水、枯水周期变化明显的湿地系统含有大量的一年生植物种子库。人们可以利用这些种子来进行恢复。但一些持续保持高水位的湿地中种子库就相对缺乏。对于不能形成种子库的湿地植物，其恢复关键取决于这类植物的外来种子在湿地内的传播，这便是种子传播。植物繁殖体指湿地植物的某一部分有时也可以传播，然后生长，如一些苔藓植物等，可以通过风力传播，重新生长。

3. 湿地生态系统结构与功能恢复技术

这类技术主要包括生态系统总体设计技术、生态系统构建与集成技术等。这一部分是湿地生态恢复研究中的重点及难点。对不同类型的退化湿地生态系统，要采用不同的恢复技术。

（三）滨海湿地生态修复方法

选择在典型海洋生态系统集中分布区、外来物种入侵区、重金属污染严重区、气候变化影响敏感区等区域开展一批典型海洋生态修复工程，建立海洋生态建设示范区，因地制宜采取适当的人工措施，结合生态系统的自我恢复能力，在较短的时间内实现生态系统服务功能的初步恢复。制定海洋生态修复的总体规划、技术标准和评价体系，合理设计修复过程中的人为引导，规范各类生态系统修复活动的选址原则、自然条件评估方法、修复涉及相关技术及其适合性、对修复活动的监测与绩效评估技术等。可开展以下一系列生态修复措施：对滨海湿地实行退养还滩，恢复植被，改善水文，底播增殖大型海藻，保护养护海草床和恢复人工种植，实施海岸防护屏障建设，逐步构建我国海岸防护的立体屏障，恢复近岸海域对污染物的消减能力和生物多样性的维护能力，建设各类海洋生态屏障和生态廊道，提高防御海洋灾害以及应对气候变化的能力，增加蓝色碳汇区。通过滨海湿地种植芦苇等盐沼植被和在近岸水体中以大型海藻种植吸附治理重金属污染。通过航道疏浚物堆积建立人工滨海湿地或人工岛，将疏浚泥转化为再生资源。

1. 微生物修复

有机污染物质的降解转化实际上是由微生物细胞内一系列活性酶催化进行的氧化、还原、水解和异构化等过程。目前，滨海湿地主要受到石油烃为主的有机污染。在自然条件下，滨海湿地污染物可以在微生物的参与下自然降解。湿地中虽然存在着大量可以分解污染物的微生物，但由于这些微生物密度较低，降解速度极为缓慢。特别是由于有些污染物质缺乏自然湿地微生物代谢所必需的营养元素，微生物的生长代谢受到影响，从而也影响到污染物质的降解速度。

湿地微生物修复成功与否主要与降解微生物群落在环境中的数量及生长繁殖速率有关，因此当污染湿地环境中降解菌很少或不存在时，引入数量合适的降解菌株是非常必要的，这样可以大大缩短污染物的降解时间。而微生物修复中引入具有降解能力的菌种成功与否与菌株在环境中的适应性及竞争力有关。环境中污染物的微生物修复过程完成后，这些菌株大都会由于缺乏足够的营养和能量来源最终在环境中消亡，但少数情况下接种的菌株可能会长期存在于环境中。因此，在引入用于微生物修复的菌种之前，应事先做好风险评价研究。

2. 大型藻类移植修复

大型藻类不但有效降低氮、磷等营养物质的浓度，而且通过光合作用，提高海域初级生产力。同时，大型海藻的存在为众多的海洋生物提供了生活的附着基质、食物和生活空间，对赤潮生物还有抑制作用。因此，大型海藻对于海域生态环境的稳定具有重要作用。

许多海域本来有大型海藻生存，但由于生境丧失（如由于污染和富营养化导致的透明度降低使海底生活的大型藻类得不到足够的光线而消失以及海底物理结构的改变等）、过度开发等原因而从环境中消失，结果使这些海域的生态环境更加恶化。由于大型藻类具有诸多生态功能，特别是大型藻类易于栽培后从环境中移植，因此在海洋环境退化海域，特别是富营养化海水养殖区移植栽培大型海藻，是一种对退化的海洋环境进行原位修复的有效手段。目前，世界许多国家和地区都开展了大型藻类移植来修复退化的海洋生态环境。用于移植的大型藻类有海带、江蓠、紫菜、巨藻、石莼等。大型藻类移植具有显著的环境效益、生态效益和经济效益。

在进行退化海域大型藻类生物修复过程中，首选的是土著大型藻类。有些海域本来就有大型藻类分布，由于种种原因导致大量减少或消失。这些海域应该在进行生境修复的基础上，扶持幸存的大型藻类，使其尽快恢复正常的分布和生活状态，促进环境的修复。对于已经消失的土著大型藻类，宜从就近海域规模引入同种大型藻类，有利于尽快在退化海域重建大型藻类生态环境。在原先没有大型藻类分布的海域，也可能原先该海域本底就不适合某些大型藻类生存，因此应在充分调查了解该海域生态环境状况和生态评估的基础上，引入一些适合于该海域水质和底质特点的大型藻类，使其迅速增殖，形成海藻场，促进退化海洋生态环境的恢复。也可以在这些海域，通过控制污染，改良水质、建造人工藻礁，创造适合于大型藻类生存的环境，然后移植合适的大型藻类。

在进行大型藻类移植过程中，大型海藻可以以人工方式采集其孢子令其附着于基质上，将这种附着有大型藻类孢子的基质投放于海底让其萌发、生长，或人为移栽野生海藻种苗，促使各种大型海藻在退化海域大量繁殖生长，形成密集的海藻群落，形成大型的海藻场。

3. 底栖动物移植修复

由于底栖动物中有许多种类是靠从水层中沉降下来的有机物为食物，有些以水中的有机碎屑和浮游生物为食，同时许多底栖生物还是其他大型动物的饵料。在许多湿地、浅海以及河口区分布的贻贝床、牡蛎礁具有重要的生态功能。因此底栖动物在净化水体、提供栖息生境、保护生物多样性和耦合生态系统能量流动等方面均具有重要的功能，对控制滨海水体的富营养化具有重要作用，对于海洋生态系统的稳定具有重要意义。

在许多海域的海底天然分布着众多的底栖动物，如海门蛎岈山牡蛎礁、小清河牡蛎礁、渤海湾牡蛎礁等。但是自 20 世纪以来，由于过度采捕、环境污染、病害和生境破坏等原因，在沿海海域，特别是河口、海湾和许多沿岸海区，许多底栖动物的种群数量持续下降，甚至消失，许多曾拥有极高海洋生物多样性的富饶海岸带，已成为无生命的荒滩、死海，海洋生态系统的结构与功能受到破坏，海洋环境退化越来越严重。

为了修复沿岸浅海生态系统、净化水质和促进渔业可持续发展，近二三十年来世界各地都开展了一系列牡蛎礁、贻贝床和其他底栖动物的恢复活动。在进行底栖动物移植修复的过程中，在控制污染和生境修复的基础上，通过引入合适的底栖动物种类，使其在修复区域建立稳定种群，形成规模资源，达到以生物来调控水质、改善沉积物质量，以期在退化潮间带、潮下带重建植被和底栖动物群落，使受损生境得到修复、自净，进而恢复该区域生物多样性和生物资源的生产力，促使退化海洋环境的生物结构完善和生态平衡。

为达到上述目的，采用的方法可以是土著底栖动物种类的增殖和非土著种类移植等。适用的底栖动物种类包括：贝类中的牡蛎、贻贝、毛蚶、青蛤、杂色蛤，多毛类的沙蚕，甲壳类的蟹类等。例如，美国在东海岸及墨西哥湾建立了大量的人工牡蛎礁，研究结果证实，构建的人工牡蛎礁经过两三年时间，就能恢复自然生境的生态功能。

第四章　重金属污染土壤修复的理论与技术

第一节　土壤的重金属污染

一、环境中的重金属

对于重金属的概念目前还没有严格的定义，通常是指相对密度大于5.0的金属，或者具体来说，是指具有金属性质且在元素周期表中原子序数大于23的大约45种金属元素。

人体非必需而又有害的金属及其化合物，在人体中少量存在就会对正常代谢产生灾难性的影响，这类金属称为有毒重金属，主要是汞、铅、锌、铜、钴、镍、锡、锑等，从毒性角度通常将砷、铍、锂、硒、硼、铝等也包括在内。环境中的重金属通常是指生物毒性显著的汞、铅、铬、镉以及砷，这5种重金属对人体的危害也最大。

有毒重金属主要来源于矿物冶炼过程中，并被释放到环境中，工业生产中涂料、造纸、印染等材料加工以及制成品加工，农业生产活动中施用化肥、农药等都会存在不同程度的重金属污染。而自然情况下的重金属含量较低，主要来源于母岩及残落生物质，不会对人体及生态系统造成危害。

重金属毒物对人体的毒害程度主要与其种类、进入人体的途径及受害人体的情况、存在的化学形态有关。而重金属的生物毒性的决定性因素是其形态分布，不同的形态产生不同的生物毒性，进而产生不同的环境效应，直接影响着其在自然界的循环和迁移。重金属转化及其形态的研究，对于重金属污染治理和防治具有重要的指导意义。

目前，对于重金属形态的定义及分类还没有明确和统一的方法，但是欧洲参考交流局（BCR）结合不同的分类及定义方法，将重金属的形态大致分4类：酸溶态（如碳酸盐结合态）、可还原态（如铁锰氧化物态）、可氧化态（如有机态）和残渣态。

下面简要介绍这4种形态的定义。

（1）酸溶态（如碳酸盐结合态）：是指土壤中重金属元素在碳酸盐矿物上形成的共沉淀结合态。对土壤环境条件特别是pH最敏感，当pH升高时使游离态重金属形成碳酸盐共沉淀；反之，当pH降低时，容易重新释放出来而进入环境中。

（2）可还原态（如铁锰氧化物态）：铁锰氧化物态可以反映人类活动对环境的污染，一般是以矿物的外囊物和细粉散颗粒存在，活性的铁锰氧化物比表面积大，能够吸附或共沉淀阴离子。土壤中pH值和氧化还原条件变化对铁锰氧化物结合态有大的影响，pH值和氧化还原电位较高时，有利于铁锰氧化物的形成。

（3）可氧化态（如有机态）：有机结合态重金属一般来源于人类排放的富含有机污染物的污水或者水生生物的活动，有机态重金属是土壤中各种有机物如动植物残体、腐殖质及矿物颗粒的包裹层等与土壤中重金属螯合而成。通常重金属离子为核心，以有机质活性基团为配体结合，有时也以重金属与硫离子结合成的难溶物质的形式存在。

（4）残渣态：残渣态重金属一般存在于硅酸盐、原生和次生矿物等土壤晶格中，是自然地质风化过程的结果，在自然界正常条件下不易释放，能长期稳定在沉积物中，不易为植物吸收。残渣态结合的重金属主要受矿物成分及岩石风化和土壤侵蚀的影响。

另外，还有一种不包含在分类定义中的重要的重金属形态，即可交换态重金属，反应生物毒性作用和人类近期排污情况，指吸附在黏土、腐殖质及其他成分上的金属，植物可以将其吸收，对环境变化敏感并且易于迁移转化。

土壤中重金属元素不能为土壤微生物所分解，易于积累，最终通过生物积累途径危害人类的健康，因此，如何有效地治理重金属污染土壤问题成为目前研究的重点和难点。

二、世界土壤重金属污染

最近几十年来，随着工业设施、能源开发和市政建设的迅速发展和完善，全球人口飞速增长，使得大量具有潜在毒性的化合物排放到环境中，比如重金属等。据粗略统计，在过去的 50 多年中，全球排放到环境中的铜达 939 000 t，铅达 783 000 t，锌达 135 000 t，其中有相当部分进入土壤后使得土壤结构遭到破坏，生态系统无法发挥正常功能。而土壤重金属污染具有隐蔽性、长期性和不可逆性，并且在土壤中的停滞时间长，植物或微生物不能降解。重金属污染不仅导致土壤的退化、农作物产量和品质的降低，而且可能通过直接接触、食物链传播而威胁人类健康乃至生命。

当前世界各国也都面临着严峻的土壤重金属污染问题。如澳大利亚最古老的威利比污水处理农场，位于墨尔本市西南 35 km，具有 100 多年历史，其中土地过滤（污水灌溉）系统占地 3 633 hm^2。土壤中的重金属特别是 Cr、Cu 和 Zn 的污染已相当严重，土壤中重金属积累的时空模型服从于指数方程。印度迈索尔地区，造纸厂污水灌溉，致使水稻田土壤污染，特别是 Cr 最为严重，达到 320 mg/kg。德国不伦瑞克地区，对 4 300 hm^2 砂土（其中 3 000 hm^2 是农业耕地）进行废水灌溉，现已发现该地区存在严重的重金属污染。英国早期开采煤炭、铁矿、铜矿遗留下的土壤重金属污染经过 300 年依然存在。1996 到 1999 年间，英格兰和威尔士尝试挖出污染土壤并移至别处，但并未根本解决问题。从 20 世纪中叶开始，英国陆续制定相关的污染控制和管理的法律法规，并进行土壤改良剂和场地污染修复研究。日本的土地重金属污染在 20 世纪六七十年代非常严重。其经济的快速增长导致了全国各地出现许多严重的环境污染事件，被称为四大公害的骨痛病、水俣病、第二水俣病、四日市病，就有三起和重金属污染有关。荷兰在工业化初期土地污染问题严重，从 20 世纪 80 年代中期开始加强土壤环境管理，完善了土壤环境管理的法律及相关标准。荷兰每年要花费 4 亿欧元修复 1 500~2 000 个场地。

由此可见，人类赖以生存的主要资源之一就是土壤，而土壤重金属污染已经成为全球面临的重要问题。土壤是农业发展的基础并且决定着农产品的产量和质量，土壤污染对人类的危害非常大，因其污染而直接导致粮食减产，通过食物链也会间接影响人类的身体健康。因此，对于重金属污染土壤的治理和修复，是全世界面临的十分重要的任务。

三、我国土壤重金属污染

近年来，随着我国人口快速增长、农业生产中农药与化肥大量施用以及工业生产迅速发展，大量重金属污染物进入土壤环境，造成土壤重金属污染日益严重。我国土壤重金属污染中 Hg、Cd 污染最为严重，Pb、As、Cr 和 Cu 的污染也比较严重。

据 2007 年第 1 次全国污染源普查公报，我国 31 个省（自治区、直辖市）工业污染源、农业污染源、生活污染源等 592.6 万个普查对象中，农业污染源中主要水污染物中 Cu 排放量达到 2 452.09 t，Zn 达到 4 862.58 t。工业废水中重金属产生量为 24 300 t。2008 年重金属（Hg、Cd、Cr、Pb、As）排放量位于前 4 位的行业依次为有色金属矿采选业、有色金属冶炼及压延加工业、化学原料及化学制品制造业、黑色金属冶炼及压延加工业。这 4 个行业重金属排放量为 483.4 t，占重点调查统计企业排放量的 84.5%。2010 年经由全国 66 条主要河流入海的重金属 42 000 t，其中 Cu 4 159 t、Pb 2 812 t、Zn 34 318 t、Cd 191 t、Hg 77 t、As 4 226 t。据农业部进行的全国污水灌溉区域调查，我国拥有占世界总人口数 1/5 的人口，却只有占世界总耕地量 7% 的耕地，在约 140 万 hm^2 的污水灌区中，遭受重金属污染的土地面积占污水灌区面积的 64.8%，估计有 0.1 亿 hm^2 污染土壤，每年被重金属污染的粮食达 1 200 万 t，造成的直接经济损失超过 200 亿元。

这引起了国家有关部门的高度重视，在我国经济高速发展但是耕地资源日益紧张的今天，高效安全地修复重金属污染土已成为极为紧迫的任务。

第二节　重金属污染土壤修复技术的分类

重金属污染土壤修复是指采取一系列的技术手段将土壤中的重金属清除出土体或将其固定在土壤中，降低土壤中重金属生物的有效性和迁移性，以期修复土壤生态系统的正常功能，从而减少土中重金属向食物链和地下水的转移，达到降低重金属的健康风险和环境风险的目的。重金属污染土壤种类复杂多样，修复可采取不同的策略，单一修复技术都有一定局限性，各种技术的组合，可从时间和空间上达到各种技术的优势互补，实现对土壤重金属污染修复的最佳效果。

在实际修复过程中，最终方案的选择由以下因素决定：①污染物性质、污染程度、土壤条件等；②修复后土地的利用类别和方案；③技术上和经济上的可行性；④环境的、法律的、地理和社会因素也会进一步决定修复技术的选择。

一、按学科分类

重金属污染土壤的修复技术，按学科分类主要有物理修复、化学修复、农业生态修复和生物修复。

物理修复是基于机械、物理、工程方法，主要包括客土、换土和翻土法，电动修复法和热处理法等。客土、换土和翻土法操作花费大，破坏土壤结构，土壤肥力下降；电动修复法在实际运用中受其他多种因素影响，可控性差；热处理法对气体汞不易回收等。因此，物理方法在实际应用中有一定局限性，主要应用于急性事件的处理。重金属污染土壤修复技术发展迅速，研究与应用较多的主要是生物修复技术和化学稳定固化修复技术。

化学修复包括化学稳定固化和化学淋洗。化学稳定固化是向土壤中加入重金属固化剂或钝化剂，改变重金属和土壤的理化性质，通过吸附、沉淀等作用降低土壤中重金属的迁移能力和生物有效性。化学淋洗是在重力或外压作用下向污染土壤中加入化学溶剂，使重金属溶解在溶剂中，从固相转移至液相，然后再把溶解有重金属的溶液从土层中抽提出来，对溶液中重金属进行处理的过程。

农业生态修复是通过因地制宜地调整耕作管理制度以及在污染土壤中种植不进入食物链的植物等，达到减轻重金属危害目的的技术。农业措施主要包括控制土壤水分、改变耕作制度、合理施用农药和肥料、调整作物种类等。

生物修复是利用微生物或植物的生命代谢活动，将重金属从土壤中去除或改变重金属形态，降低重金属活性。其修复效果好、投资小、费用低、易于管理与操作、不产生二次污染，因而日益受到人们的重视，成为重金属污染土壤修复的研究热点。该技术主要包括植物修复、微生物修复、动物修复。

植物修复能在不破坏土壤生态环境，保持土壤结构和微生物活性的条件下，对土壤实现原位修复，并且因成本低廉、操作安全而成为当前研究开发的热点。

植物修复主要有以下几个类别。

植物吸收：利用积累植物、超积累植物大量吸取土壤中的金属元素，通过收获植物体并加以适当处理，达到去除或降低土壤中污染物元素的目的。植物吸收可用于重金属修复，也可用于有机污染物污染修复，但实际上多适用于前者。

植物稳定：通过耐重金属植物及其根际微生物的分泌作用螯合、沉淀土壤中的重金属，以降低其生物有效性和移动性，从而降低了重金属的环境污染，比如，防止或减轻了对地下水和地表水的次生污染。

植物根滤：利用植物根系吸收或吸附水体中的重金属，达到净化污染的目的。

植物挥发：植物将污染物吸收到体内后通过叶片挥发将其转化为气态物质释放到大气中，在这方面研究最多的是挥发性非金属元素硒和金属元素汞。

植物降解：有两方面的机理。一是植物通过体内的代谢过程，对吸收的有机污染物进行降解；二是通过植物根系分泌物提供碳源和氧源，促进根系环境中喜氧菌群及其他菌种的发育及活性，从而增强根际原位细菌对有机污染物的氧化降解作用。

微生物修复主要是利用微生物对重金属的吸附和转化作用将其变成低毒产物，从而降低污染程度。微生物不能直接降解重金属，但可改变重金属的物理或化学特性，影响重金属的迁移与转化。微生物修复重金属污染土壤的机理包括生物吸附、生物转化、胞外沉淀、生物累积等。微生物类群主要包括细菌和真菌。

动物修复就是利用土壤中的某些动物能吸收重金属的特性，在一定程度上降低了污染土壤中的重金属含量，达到了动物修复重金属污染土壤的目的。

二、按场地分类

根据处理土壤的位置是否变化可以分为原位修复和异位修复。异位修复又可分为场外修复和异地修复，是将土壤提取出来，或者在当地进行场外修复，或者移至其他地方进行异地修复。

第三节　重金属污染土壤修复的理论基础

目前重金属污染土壤修复技术发展迅速，研究与应用较多的主要是生物修复技术和化学稳定固化修复技术，下面分别探讨化学修复、植物修复、微生物修复重金属污染土壤的机理。

一、土壤中重金属的动力学行为特征

土壤中的重金属以不同的化学形态存在，其中生物有效态能够被植物吸收并转移到地上组织。在土壤的重金属库中，生物有效态的含量是由诸多因素决定的，包括：重金属的化学形态及比例、土壤的理化性质、

气候条件、农业技术措施，以及植物的基因类型。所以说，生物有效态的化学形态及相应的提取试剂很难找到统一的通用模式。

土壤中重金属受环境因素影响的过程实际上是吸附－解吸－再解吸的过程，各个阶段的动力学特征均具有共性，也就是说，土壤解吸/吸附过程都划分为两个阶段：初始快速反应阶段和一段时间后的慢速反应阶段。快速反应阶段，重金属以化学反应为主；慢速反应阶段，重金属解吸以物理反应为主，其动力学过程均可用Elovich方程和双常数速率方程即Freundlich修正式拟合，这两个模型是定量表达土壤中重金属的吸附态和溶解态分配比例模型。

模型中的分配系数是很重要的系数，它是指平衡状态下，土壤溶液中重金属元素浓度对固相重金属元素浓度的比例，简言之，就是分配系数小，较大比例的固相重金属保持在固相，重金属的活性相对较低，分配系数是个变量，不同的重金属在不同的土壤中有不同的分配系数。同一土壤的分配系数是可以随着土壤的物理化学状况的变化而变化的。

重金属污染土壤的固定或稳定修复方法就是通过化学和物理化学方法，改变重金属的固液相分配、固相中的形态、有效性形态比例，从而达到降低土壤中重金属的活性的目的，重金属污染的土壤的固定修复法就是基于土壤中重金属动力学行为的基本原理。

二、植物修复重金属污染土壤的原理

所谓植物修复就是利用超积累植物清除土壤中重金属污染的原理，实际上是指将某种特定的植物种植在重金属污染的土壤上，而该种植物对土壤中的污染元素具有特殊的吸收积累能力，将植物收获并进行妥善处理（如灰化回收）后可将重金属移出土体，达到治理污染与修复生态的目的。而这些用于重金属污染土壤修复的植物就叫作超积累植物。超积累植物进行土壤重金属污染修复的原理主要包括以下两个方面。

（1）超积累植物对根际土壤中重金属的活化。

①超积累植物酸化土壤中不溶态的重金属。植物的根系可以分泌质子，从而促进了植物对土中元素的活化和吸收。

②超积累植物能分泌一些特殊的有机酸来和重金属螯合。一些单子叶植物在缺 Fe 条件下能释放植物高铁载体，促进土壤 Fe、Zn、Cu、Mn 的溶解。超积累植物也可能分泌类似于金属硫蛋白或植物螯合肽等金属结合蛋白作为植物的离子载体，还可能分泌某些化合物，促进土中金属的溶解。

③超积累植物还原土壤中的重金属。在超积累植物的根细胞质膜上的专一性金属还原酶作用下，可还原土中高价金属离子，使其溶解性增加。在缺铁或铜条件下，一些植物的根系还原 Fe 离子或 Cu 离子能力增加，使得吸收的 Fe、Cu、Mn、Mg 也增加。另外，Fe/Mn 水合氧化物的吸附作用影响土壤中重金属的可移动性，当这些氧化物还原时，则导致吸附的重金属释放。

（2）超积累植物对土壤重金属吸收及其解毒机理。

根据植物的生长需要，重金属可分为必需元素和非必需元素，必需元素（如 Cu、Zn）是正常植物生长发育所必不可少的元素。但是无论是必需元素还是非必需元素，当超过植物自身的耐受限度时就会对植物产生伤害，甚至中毒死亡。

植物对重金属的生理机制可分为外部排斥和内部耐受机制：外部排斥机制可以阻止金属离子进入植物体或避免在细胞内敏感位点的累积；内部耐受机制主要是产生重金属螯合物质，如小分子有机酸、结合蛋白等，将进入细胞的重金属转化为无毒或毒性较小的结合态，从而缓解体内重金属毒害效应。在重金属的胁迫下，植物往往是采用多种机制的联合作用，避免原生质中金属的过量积累，减少中毒症状的发生，保证超积累植物能在高浓度的金属环境中生长、繁殖并完成进化。植物对重金属外部排斥和内部耐受机制的机理主要表现为如下几个方面。

①重金属与细胞壁结合的固定作用。

细胞壁是重金属进入细胞的第一道屏障，重金属首先要通过植物根细胞壁才能进入植物体，然后通过共质体途径进入木质部，再由木质部导管向上运输到地上部分，在重金属输送到茎或叶部分时同样会受到细胞壁的阻挡，细胞壁的金属沉淀作用机理可能是一些植物耐重金属的重要原因。重金属被限于细胞壁上不能进入细胞质影响细胞的代谢活动，使植物对重金属表现出耐性，因此细胞壁可以视为重要的金属离子储存场所，Kramer 分析了在非致死的镍供应水平下，超积累植物 *Thlaspi goesingense* 中 70% 的镍与细胞壁结合。只有当金属与细胞壁的结合达到饱和时，多余的金属才会进入细胞质。植物细胞壁由多糖、木质素、蛋白质构成，这些物质的有机配位基团会与重金属发生一系列的反应，改变重金属在植物体内的蓄积行为，减少重金属离子的跨膜物质运输，降低原生质体中重金属离子浓度，维持细胞正常代谢。不同植物细胞壁的差异导致对重金属的吸附能力和吸附机制不同，此外，重金属离子浓度、pH 值、温度也会影响植物对重金属的吸附能力。

②重金属排斥的根部束缚作用。

减少和限制金属离子跨膜运输也是一些植物耐受金属污染的重要原因。植物限制金属离子跨膜吸收主要是基于原生质膜吸收机理，通过原生质膜的选择透性、转性的金属离子溢泌作用或者通过改变根际的化学性状来降低金属的有效性。某些植物还可以通过根际的化学性状的改变，如根际分泌螯合剂、形成跨根际氧化还原梯度、形成跨根 pH 梯度。

③超积累植物超量吸收与解毒重金属的分子生物学机理。

植物金属硫蛋白（MTs）属于金属硫蛋白（MT）命名系统中的第

二类，该分子呈椭圆形，分两个结构域，每个结构域含 7~12 个金属原子，具有特殊的吸收光。MTs 通过半胱氨酸蛋白酶上的巯基与细胞内游离重金属离子相结合，形成金属硫醇盐复合物，降低细胞内可扩散的金属离子浓度，从而起到解毒作用。

对于 MT 基因在植物体内的表达产物和功能，以及 MTs 是否是植物高耐重金属的主要机制仍然不很明确，只能初步判定 MTs 可能在金属离子的吸收和维持体内金属离子平衡中起调节作用。目前尽管已经证实 MT 基因存在于许多种植物中，但大多数植物对重金属都不表现耐性。

植物螯合肽（PCs）在植物体内是第三类 MTs，是一类重要的非蛋白质形态富半胱氨酸的肽，是植物体内重金属解毒过程的重要参与者。通常认为 PCs 通过巯基与金属离子螯合形成无毒化合物，减少细胞内游离的重金属离子，从而减轻重金属对植物的毒害作用。近年来 PCs 的研究得到了国际上的重视。

Iouhe 等研究发现，赤豆（*Vigna angularis*）细胞对 Cd 敏感，Cd 处理不能诱导其合成 PC，原因在于该细胞系缺乏 PC 合成酶活性；同时，PCs 在植物中主要是作为载体将金属离子从细胞质运至液泡中发生解离，因而 PCs 对重金属毒性的缓解取决于其形成复合物的速度或跨液泡膜的转运速度，而非其在细胞中的浓度。此外，PCs 的另一作用是保护对重金属敏感的酶活性。但也有报道认为植物重金属耐性与 PCs 无关，而是由于酶系统对重金属的规避性及区域化不同造成的。对于这一说法还有待研究。

三、微生物修复重金属污染土壤的原理

作为土壤生物修复技术的重要组成部分，微生物修复技术是最具发展和应用前景的生物学环保新技术。所谓微生物修复就是利用天然存在

的或所培养的功能微生物群落，在一定的环境条件下，促进或强化微生物代谢功能，达到降低有毒污染物活性或降解成无毒物质的生物修复技术。而微生物修复土壤的重金属污染就是利用微生物的生物活性对土壤中的重金属进行吸附或转化为低毒产物，达到降低重金属的污染程度的目的。微生物虽然不能破坏和降解重金属，但可改变它们的物理或化学特性，从而影响金属在环境中的迁移与转化。其修复机理包括细胞代谢、表面生物大分子吸收转运、生物吸附、空泡吞饮和氧化还原反应等。微生物对土壤中重金属活性的影响主要体现在以下几个方面。

（1）微生物对重金属离子的生物吸附和积累。

土壤微生物既可以通过摄取营养元素的方式主动吸收重金属离子，也可通过细胞表面的电荷吸附重金属离子，最终将重金属离子积累在细胞表面或内部。

微生物对重金属离子的生物吸附和积累主要是通过胞外络合、沉淀以及胞内积累来进行的，其作用方式有：铁载体的结合；金属磷酸盐、金属硫化物形成的沉淀物；细菌胞外多聚体；金属硫蛋白、植物螯合肽和其他金属结合蛋白；真菌来源物质及其分泌物对重金属的去除。由于微生物对重金属具有很强的亲和吸附性能，有毒金属离子可以结合到胞外基质上，也可以沉积在细胞的不同部位，体内可合成金属硫蛋白，金属硫蛋白可通过半胱氨酸残基上的巯基与金属离子结合形成无毒或低毒络合物，或者是被轻度螯合在可溶性或不溶性生物多聚物上。

（2）微生物对重金属离子的溶解和沉淀。

土壤环境中，微生物能够利用有效的营养和能源，通过分泌有机酸，如甲酸、乙酸、丙酸和丁酸等络合并溶解重金属。或者是直接通过自身的代谢活动溶解和沉淀重金属。

Chanmugathas 和 Bollag 研究发现，在营养充分的条件下，微生物可以促进 Cd 的淋溶，从土壤中溶解出来的 Cd 主要和低相对分子质量的有机酸结合在一起；另外，在研究不同碳源条件下微生物对重金属的溶解能力时，他们发现以土壤有机质或土有机质加麦秆作为微生物碳源均可很好地促进重金属的溶解。

（3）微生物对重金属离子的氧化还原。

土壤中的一些重金属元素可以多种价位形态存在，当其以高价离子化合物存在时溶解度通常较小，不易发生迁移，而呈低价离子化合物存在时溶解度较大，较易发生迁移。微生物的氧化作用能使这些重金属元素以高价态的形式存在，从而使其活性降低。

有研究发现氧化亚铁硫杆菌（*Thiobacillus ferrooxidans*）能氧化硫铁矿、硫锌矿中的负二价硫，使元素 Fe、Zn、Co 等以离子的形式释放出来。微生物还可以通过氧化作用分解含砷矿，并且 Dopson 等研究了 3 株高温硫杆菌（*Thiobacillus caldus*）协同热氧化硫化杆菌（*Sulfobacillus thermosulfidooxidans*）对砷硫铁矿的氧化分解，提出了高温硫杆菌加速砷硫铁矿分解的可能机制。

（4）甲基化和脱甲基化的作用。

厌氧条件下在微生物的作用下 Hg、Cr、Pb 可与甲基发生反应生成甲基化金属有机化合物，从而改变了重金属的环境行为和毒性。环境中的甲基化作用大多是通过生物作用尤其是微生物的作用完成的。如砷的甲基化产物的毒性要小于砷酸盐，而对于另外一些元素如汞，甲基汞的毒性要大于无机态汞。但是绝大多数的甲基化的重金属都有很强的毒性，所以甲基化金属的微生物去甲基化是很重要的，为消除甲基化重金属提供了可能的途径。

（5）微生物对土壤重金属－有机络合物的生物降解。

重金属能与土壤中的有机质形成稳定络合物从而对重金属在土壤中的化学行为产生深远的影响。而重金属－有机络合物在被微生物降解后，重金属则会以氢氧化物或生物吸附的方式沉淀。

（6）菌根真菌与土壤重金属的生物有效性影响。

真菌侵染植物根系后形成共生体——菌根。菌根真菌与植物根系共生能促进植物对营养养分的吸收和植物生长。菌根真菌不仅能借助有机酸的分泌对土中某些重金属离子进行活化，而且能以其他形式如离子交换、分泌有机配体、激素等间接作用影响植物对重金属的吸收。

研究发现，丛枝菌根真菌能极大地提高 Cu 在玉米根系中的浓度和吸收量，而玉米地上部分的 Cu 浓度和吸收量变化不显著，这表明丛枝菌根有助于消减 Cu 由玉米根系向地上部分的运输，从而增加了植物对过量重金属的耐性。

第四节　重金属污染土壤的植物修复技术

前面已经介绍了植物修复的含义、类别以及机理。所谓植物修复技术就是利用植物及其根系微生物对污染土壤、沉积物、地下水和地表水进行清除的生物技术。植物修复与物理、化学和微生物处理技术相比有其独特的优点，但植物修复技术本身及发展过程中也存在一定的问题亟待解决。

重金属超积累植物虽然早已被发现，但是作为一种技术对污染土壤进行修复，是近 20 年来的新兴研究领域，很多学者都积极倡导并推崇重金属污染土壤的超积累植物修复技术，而这项技术也在逐步迈向商业化进程。

一、重金属超积累植物

重金属超积累植物是植物修复的核心部分，只有寻找到某种重金属的相对应的超积累植物才能进行植物修复。1977 年 Brooks 提出了超积累植物的概念，认为是那些超量地积累某种或某些化学元素的野生植物。1983 年，Chaney 提出了利用超积累植物清除土壤中重金属的思路即植物修复。紧接着，英国谢菲尔德大学的 Baker 提出超积累植物具有去除重金属污染和实现植物回收的实际可能性，且此植物具有与其他一般植物不同的生理特性。

超积累植物是指能超量吸收重金属并将其运移到地上部的植物，包括 3 个指标：一是植物地上部积累的重金属应达到一定的量，一般是正常植物体内重金属量的 100 倍左右，由于不同元素在土壤和植物中的自然浓度不同，临界值的确定取决于植物积累的元素类型，表 4-1 为重金属在土壤和植物中的平均值以及超积累植物的临界标准；二是植物地上部的重金属含量应高于根部，即有较高的地上部 / 根浓度比率；三是在重金属污染的土壤上这类植物能良好地生长，一般不会发生毒害现象。并且积累系数（BCF）和转运系数（TF）均应该大于 1。

表 4-1　重金属在土壤和植物中的平均值以及超积累植物的临界标准 / ($mg \cdot kg^{-1}$)

重金属种类	土壤中的平均质量比	植物中的平均质量比	矿物中的平均质量比	超累积植物临界标准
Cd		0.1	1	100
Cr	60			1 000
Cu	20	10	20	1 000
Zn	50	100	100	10 000
Mn	850	80	1 000	10 000
Ni	40	2	20	1 000
Pb	10	5	5	1 000
Se		0.1	1	1 000

由于各种重金属在地壳中的丰度及在土壤、植物中的背景值存在较

大的差异，因此对于不同重金属，其超积累植物积累浓度界限也有所不同，且大多数超积累植物只能积累 1 种或 2 种重金属。目前，全世界已经发现超积累植物 700 多种，我国目前发现的主要重金属超积累植物如表 4-2 所示。

表 4-2 我国目前发现的主要重金属超积累植物

元素种类	元素质量比 /（mg・kg^{-1}）	植物
Cd	>100	天蓝遏蓝菜（*Thlaspi caerulescens*）、东南景天（*Sedum alfredii*）、芥菜型油菜（*Brassica juncea*）、宝山堇菜（*Viola baoshanensis*）、龙葵（*Solanum nigrum*）等
Co	>1 000	星香草（*Haumaniastrum robertii*）等
Cu	>1 000	高山甘薯（*Ipomoea alpina*）、金鱼藻（*Ceratophyllum demersum*）、海州香薷（*Elsholtzia splendens*）、紫花香薷（*E. argyi*）、鸭跖草（*Commelina communis*）等
Mn	>10 000	粗脉叶澳洲坚果（*Maeadamia neurophylla*）、商陆（*Phytolacca acinosa*）等
Ni	>1 000	九节木属（*Psychotria*）等
Pb	>1 000	圆叶遏蓝菜（*Thlasp irotundifolium*）、苎麻（*Boehmeria nivea*）、东南景天（*Sedum alfredii*）、鬼针草（*Bidens bipinnata*）、木贼（*Equisetum hyemale*）、香附子（*Cyperus rotundus*）等
Zn	>10 000	天蓝遏蓝菜（*Thlaspi caerulescens*）、东南景天（*Sedum alfredii*）、木贼（*Equisetum hyemale*）、香附子（*Cyperus rotundus*）、东方香蒲（*Typha orientalis*）（春季）、长柔毛委陵菜（*Potentilla grifithii*）等
Cr	>1 000	李氏禾（*Leersia hexandra*）等
As	>1 000	大叶井口边草（*Pteris nervosa*）等
AI	>1 000	茶树（*Camellia sinensis*）、多花野牡丹（*Melastoma malabathricum*）等
轻稀土元素	>1 000	铁芒萁（*Dicranopteris linearis*）、柔毛山核桃（*Carya tomentosa*）、山核桃（*Carya cathayensis*）、乌毛蕨（*Blechnum orientale*）等

尽管超积累植物在修复土壤重金属污染方面表现出很高的潜力，但

是其固有的一些属性还是给植物修复技术带来很大的局限性。

首先，重金属超积累植物是在自然条件下受重金属胁迫环境长期诱导形成的一种变异物种，这些变异物种因为受到环境和营养物质等其他因素的影响而生长缓慢，其生物量相对于正常植株也较低；其次，重金属超积累植物大多是在自然条件下演变产生的，因此对温度、湿度等条件的要求比较严格，物种分布呈区域性和地域性，物种对环境的严格要求使成功引种受到限制，不利于大规模的人工栽培；最后，重金属超积累植物的专一性很强，往往只对某一种或两种特定的重金属表现出超积累能力，并且积累能力与多种因素有关。

解决以上问题可从以下几个方面入手，最大限度地发挥超积累植物的修复能力：第一，利用生物学手段培育出产量高、适应性强的超积累植物物种；第二，寻找一种能同时积累几种重金属物质的植物并加以人工培育种植；第三，通过向土壤中添加螯合剂，如添加 EDTA、DTPA、CDTA、EGTA 等人工螯合剂提高土壤中重金属物质的溶解度，从而增加超积累植物在根茎中的积累量。

二、超积累植物研究实例

自 Minguzzi 等 1948 年在意大利南部托斯卡纳地区的富镍蛇纹石风化土壤中发现庭荠属的植物 *Alyssum bertolonii* 的干叶组织中镍的质量分数达到 1% 后，各国科学家陆续发现了很多重金属超积累植物。据统计，目前已发现的重金属超积累植物就有 700 多种，有些超积累植物能同时吸收、积累两种或几种重金属元素。而最重要的超积累植物主要集中在十字花科，世界上研究最多的植物主要在芸薹属（*Brassica*）、庭荠属（*Alyssum*）及菥蓂属（*Thlaspi*），这些超积累植物大多是在气候温和的欧洲、美国、新西兰及澳大利亚的污染地区发现的。目前我国还处于超积累植物的筛选和积累机理的研究阶段，下面列举一些超积累植物研究实例。

（1）铬（Cr）超积累植物。目前世界上见诸报道的铬超积累植物有在津巴布韦发现的 *Dicoma niccolifera* Wild 和 *Sutera fodina* Wild，其铬的含量分别为 1 500 mg/kg 和 2 400 mg/kg，均高于铬的参考值 1 000 mg/kg。

张学洪等通过野外调查研究李氏禾对铬的积累特征结果显示，李氏禾叶片内平均铬含量达 1 786.9 mg/kg；叶片内铬含量与根部土壤中铬含量之比最高达 56.83，叶片内铬含量与根茎中铬含量之比最高达 11.59。多年生禾本科李氏禾对铬具有明显的超积累特性，进一步调查研究显示李氏禾地理分布很广、生长快、适应性强，因此李氏禾的发现将为植物的铬超积累机理与铬污染环境的植物修复研究提供新的重要物种。

（2）铜（Cu）超积累植物。麻属于大戟科、蓖麻属，是一年生或多年生草本植物，株型高大，根系发达，耐贫瘠，适应性强，我们熟悉的麻油在工业上具有广泛的用途，是巴西生物柴油产业的重要组成部分。营养液培养实验表明，铜含量在 40 mg/kg 时，麻地上部分铜含量高达 2 186.4 mg/kg。这说明铜矿区的野生麻不仅能够在铜含量很高的土壤和营养液中生长，还能在体内积累较多的铜，是一种新的铜超积累植物。国内外关于麻铜超积累的研究还较少，作为生物量较大且有经济价值的新型超积累植物，未来在土壤重金属修复上将具有广阔的发展前景。

（3）铅（Pb）超积累植物。国外 Reeves 和 Brooks 报道菥蓂属 *Thlaspi* 中 Pb 含量可高达 8 200 mg/kg；圆叶遏蓝菜茎干重铅含量达 8 500 mg/kg；印度芥菜不仅可吸收铅还可吸收并积累铜、镍、铬和锌等，将其培养在含高浓度可溶性铅的营养液中，也可使茎中铅含量达到 1.5%。常见的农作物如玉米和豌豆虽然也可大量吸收 Pb，但还不能达到植物修复的要求。

（4）锌（Zn）超积累植物。Zn 超积累植物主要是十字花科菥蓂属（*Thlaspi*）植物。Ebbs 等筛选了 30 种十字花科植物，发现印度芥菜、芸薹、芜菁有很强的清除污染土壤中 Zn 的能力，并且其生物量是遏蓝菜的 10 倍，因而比遏蓝菜更具有实用价值。而禾本科植物如燕麦和大麦耐 Cu、Cd、Zn 能力强，且具有清除污染土壤中 Zn 的能力。

（5）Pb、Zn、Cu、Cd 等多种重金属超积累植物。由于重金属污染土壤通常表现为多种金属的复合污染，因此多金属超积累植物修复有着极其重要的意义。国内发现的多金属超积累植物非常少，目前有圆锥南芥、印度芥菜和东南景天等。汤叶涛等通过野外调查和营养液培养发现了国内首种具有超量积累镉、铅、锌的能力的植物圆锥南芥。印度芥菜也是目前筛选出的一种生长快、生物量大的 Cd、Pb、Zn 忍耐积累型植物。

三、植物修复技术的应用

植物修复技术作为 20 世纪 90 年代初兴起的一项清除环境中污染的新技术，因其与工程实践紧密结合的特点而逐渐发展成为一个热点研究领域，并逐步走向市场化和商业化。

Baker 等在英国洛桑实验站栽种不同超积累植物和非超积累植物，并且以田间试验首次研究了它们对土壤 Zn 污染的清除效果。结果表明 *Thlaspi caerulescens* 积累的 Zn 是非超积累萝卜的 150 倍，积累的 Cd 相应则是 10 倍。这种植物每年从土壤中吸收的 Zn 量为 30 kg/hm^2，是欧盟允许年输入量的 2 倍，而非超积累萝卜则仅能清除其 1% 的量。

前面已经提到芸薹属及印度芥菜，能把 Pb 从根部转移到嫩枝，Pb 不是植物的必需元素，是吸收 Pb 的最佳植物。目前，已经利用这项植物修复技术去除土中的重金属 Pb，如美国已经有几个场地采用它来吸收 Pb；某公司利用印度芥菜提取法和 EDTA 活化金属剂等手段在新泽西 Bayonne 修复含 Pb 污染土，该场地的表土含 Pb 量为 1 000~6 500 mg/kg，平均含量达到 2 055 mg/kg，经过该项植物修复技术修复后，分别降到 420~2 300 mg/kg。

切尔诺贝利核电站 1986 年泄漏后，对其大面积的核污染放射利用红根苋这项植物修复技术来积累放射性元素，也表现出了很大的潜力。

相比于传统的物理、化学修复技术，植物修复技术表现出了技术和经济上的双重优势，主要体现在以下几个方面。

（1）可以同时对污染土壤及其周边污染水体进行修复。

（2）成本低廉，而且可以通过后置处理进行重金属回收。

（3）具有环境净化和美化作用，社会可接受程度高。

（4）种植植物可提高土壤的有机质含量。

但是植物修复技术也有缺点，如植物对重金属污染物的耐性有限，植物修复只适用于中等污染程度的土壤修复；土壤重金属污染往往是几种金属的复合污染，一种植物一般只能修复某一种重金属污染的土壤，而且有可能活化土壤中的其他重金属；超积累植物个体矮小，生长缓慢，修复周期较长，难以满足快速修复污染土壤的要求。

针对植物修复技术的局限性，各国学者也进行了相关的探索，目前较为新颖的就是采用基因工程技术培育转基因植物，LeDuc 等将一种耐性基因 *SMTA* 转入印度芥菜的秋苗中，发现转基因型植物地上部积累的 Se 量高出野生型的 3~7 倍，根长度是野生型的 3 倍。但是，由于转基因植物容易诱发物种入侵、杂交繁殖等生态安全问题，以及用于田间试验和大规模推广是否会对食物链和生态环境产生不利影响，需要做进一步的探讨和研究。

另外，植物对重金属的积累效果与许多因素有关，主要有重金属浓度、pH 值、电导率、营养物质状况、迁移速率，有的还与土壤中磷、铅等微量元素及生物活性有关，因此，合理的农艺措施优化，如调节pH值、施用肥料及螯合剂等也是克服植物修复技术局限性的良好举措。

第五节 重金属污染土壤的化学和物理化学修复技术

一、土壤中重金属的固定和稳定（S/S技术）

土壤的重金属修复可以通过挖掘、固定化、化学药剂淋洗、热处理、生物强化修复等来完成。其中运用物理和化学的办法把土壤中的有毒有害的污染物质固定起来的方法叫作稳定或者固化。也可以把土壤中不稳定的污染物质转化为无毒或无害的化合物，间接阻止其在土壤环境中的迁移、转化、扩散等过程，来减少污染的修复技术。

（一）水泥的固化

水泥是一种常见和常用的材料，应用水泥可以通过吸附、沉降、钝化和与离子交换等多种物理化学过程去除土壤中污染物质，形成氢氧化物或络合物形式停留在水泥形成的硅酸盐中，最大的好处是重金属加入水泥中后形成了碱性的环境，又可以抑制重金属的渗滤。为了达到更好的去除效果，在使用水泥作为固化剂的时候需要考虑很多影响因素，常用的水泥为硅酸盐水泥。在使用过程中应该充分考虑水泥自身水灰成分比例，水泥与废弃物之间的比例，以及反应的时间，是否需要投加添加剂，还要控制固化块成型的工艺条件等因素。

使用水泥也存在着很多缺点与不足，如硅酸盐水泥硬化后会被硫酸盐所侵蚀，硫酸盐能够与硅酸盐水泥所含的氢氧化钙反应生成硫酸钙或钙钒石，这就使得固化体积膨胀并增加。同时这也是硅酸盐不耐酸雨的原因，重金属会在酸性条件下从固化态的水泥中析出。

（二）石灰 / 火山灰固化

这种方法是应用各种废弃物焚烧后的飞灰、熔矿炉炉渣和水泥窑灰等具有波索来反应的物质为固化材料，对危险废物进行修复的方法。这些物质都属于硅酸盐或铝硅酸盐体系，当发生反应时，具有凝胶的性质，可以在适当的条件下进行波索来反应，将污染物中的物质吸附在形成的胶体结晶中。

（三）塑性材料包容固化

塑性材料分为热固性塑料和热塑性塑料两种。热固性塑料是在加热时从液相变成固相的材料，常见的材料有聚酯、酚醛树脂、环氧树脂等。热塑性塑料指可以反复加热冷却，能够反复转化和硬化的有机材料，如聚乙烯、聚氯乙烯、沥青等。

这种方法的好处是当处理无机或有机废物时，固化产物可以防水并且抗微生物的侵蚀。同样也存在被某些溶剂软化，被硝盐、氯酸盐侵蚀的情况。

（四）玻璃化技术

玻璃化技术也称熔融固化技术，它的原理是在高温下把固态的污染物加热熔化成玻璃状或陶瓷状物质，使得污染物质形成玻璃体致密的晶体结构，永久地稳定下来。在处理后的污染物中，有机物质被高温分解，并成为气体扩散出去，而其中的重金属和其他元素可以很好地被固定在玻璃体内，这是一种比较无害化的处理技术。

（五）药剂稳定化技术

通过投加合适的药剂改变土壤环境的理化性质，比如控制 pH 值、氧化还原电位、吸附沉淀等改变重金属存在的状态，从而减少重金属的迁移和转化。投加的药剂包括有机和无机药剂，具体要根据土壤中污染物的性质来投加。投加的药剂有氢氧化钠、硫化钠、石膏、高分子有机稳定剂等。有机修复剂在处理土壤重金属污染方面有很大的作用，但同时修复剂的投加也会对生物有一定的毒害作用，需要引起注意。

目前，S/S 中的许多技术措施尚处在实验室研究阶段或中试阶段，应加快 S/S 技术示范、应用和推广，引导环保产业发展。

二、电动力学修复

电动力学修复（Electrokinetic Remediation），又被称为“绿色修复技术”，具有高效、无二次污染、节能，并能进行原位的修复等特点。其基本原理是将电极插入受污染土壤或地下水区域，通过施加微弱电流形成电场，利用电场产生的各种电动力学效应（包括电渗析、电迁移和电泳等），表 4-3 是这几种电动效应的比较，驱动土壤污染物沿电场方向定向迁移，从而将污染物积累至电极区然后进行集中处理或分离。

表 4-3　几种主要的电动效应

电动效应	运动物质	速度	与土壤性质关系
电渗析	空隙水	较慢	密切
电迁移	带电离子	快	较小
电泳	胶体粒子	较慢	密切

由于水的电解作用导致电极附近 pH 值发生变化，其中阳极产生 H^+ 而使得阳极区呈现酸性，阴极产生 OH^- 而使得阴极区呈现碱性，同时带正电的 H^+ 向阴极运动，带负电的 OH^- 向阳极运动，分别形成了酸性迁

移带和碱性迁移带。酸性迁移带促使土壤表面的重金属离子从土壤表面解吸并溶解，并且进行迁移。

在这一过程中，土壤 pH 值、缓冲性能、土壤组分及污染金属种类会影响修复效果。尤其是 pH 值控制着土壤溶液中重金属离子的吸附与解吸，而且酸度对电渗析速度有明显影响，所以如何控制土壤 pH 值是电动修复技术的关键。

控制 pH 值的方法有：通过添加酸来消除电极反应产生的 OH^-；在土柱与阴极池之间使用阳离子交换膜；也可在阳极池与土柱间使用阴离子交换膜以防止阳极池中的 H^+ 向土柱移动，造成 pH 值降低而影响电渗析作用；由于铁会先于水氧化而减少氢离子的产生，所以采用钢材料更佳，并定期交换两极溶液。

为了提高修复效率，许多学者对这一方法进行了完善和发展，并提出了电渗析法、氧化还原法、酸碱中和法、阳离子选择膜法和表面活性剂法，以及利用微生物将六价铬转化为低毒三价铬后迁移去除的电动–生物联合修复等。

相比于 S/S 法只能降低土壤中污染物的毒性，却不能从根本上清除污染物，面临着环境条件改变时会重新释放到土壤中的缺点，电动修复显示出了很多优点。

电动修复是一种原位修复技术，不必搅动土层，是一种效率较高并且经济的修复技术：在低渗透性、较低的氧化还原电位、较高的阳离子交换容量和高黏性的土壤的修复上有较高的去除效率。与 S/S 法相比，电动修复是从根本上去除金属离子，并且是使金属离子通过移动去除，不引入新的污染物质，保持了土壤本身的完整性，对现有景观、建筑和结构的影响较小。

但电动修复重金属污染土壤也存在着技术上的局限：电动修复需要在酸性环境下进行，因此，控制稳定合适的酸性环境是急需解决的问题，但土壤酸化对环境的危害也是不允许的；活化极化、电阻极化和浓度差极化现象，会使得电流降低，从而降低修复效率；直流电压较高，造成土壤升温而导致的修复效果降低；土壤内部环境，如碎石、大块金属氧化物等会降低处理效率；而污染物的溶解性和脱附能力，以及非饱和水层将污染物冲出电场影响区引起土电流变化等因素都会对技术的成功造成不利影响；还有就是修复过程相对耗时，可能长达几年。

第五章　有机物污染土壤修复的理论与技术

第一节　土壤的有机物污染

随着经济的快速发展和城市化进程的加快，废水、废气、废渣的排放量急剧增加，加之农业生产上大量使用化肥、农药等化学物质，最终致使土壤遭到不同程度的污染。当污染物尤其是持久性有机污染物的进入量超过土壤的这种天然净化能力时，就会导致土壤的污染，有时甚至达到极为严重的程度。

土壤中有机污染物按污染来源分为石油烃类（TPH）、有机农药、持久性有机污染物（POPs）、爆炸物（TNT）和有机溶剂，其主要来源、特性和危害见表 5-1。

农药污染土壤的主要途径有：将农药直接施入土壤或以拌种、浸种和毒谷等形式施入土壤；向作物喷洒农药时，农药直接落到地面上或附着在作物上，经风吹雨淋落入土壤中；大气中悬浮的农药或以气态形式或经雨水溶解和淋洗，落到地面；随死亡动植物或污水灌溉将药带入土壤。

正构烷烃和多环芳烃是土壤中烃类物质的主要成分。多环芳烃（PAHs）是一类广泛分布于天然环境中的化学污染物，PAHs 中某些成分对人体和生物具有较强的致癌和致突变作用，如苯并芘是强致癌物，严重影响人类健康和生态环境。PAHs 主要来源于人类活动和能源利用过程，如石油、煤、木材等的燃烧过程、石油及石油化工产品生产过程、海上石油开发及石油运输中的溢漏等都是环境中 PAHs 的主要来源。

表 5-1　土壤中有机污染物来源、特性及危害

土壤有机污染物	来源	特性	危害
石油烃类（TPH）	石油开采、加工、运输和使用过程中大量进入环境中	水溶性交叉，生物降解缓慢，对土壤的理化性质及土壤生态系统影响严重	堵塞土壤空隙，改变土壤有机质组成和结构，阻碍植物呼吸作用；破坏植物正常生理功能：沿食物链积累到生物体内，危害健康
有机农药	长期、大量、不合理地使用农药	挥发性小、生物降解缓慢高毒性、脂溶性强	进入植物体内，导致农产品污染超标，沿食物链积累到生物体内引发慢性中毒；增强土壤害虫的抗药性，毒害大量害虫的天敌
持久性有机污染物（POPs）	施用大量农药、天然火灾以及火山爆发	长期残留性、生物累积性半挥发性和高毒性	能通过各种环境介质长距离迁移沿食物链积累到生物体内，聚积到有机体的脂肪组织里
爆炸物（TNT）	爆炸工业	具有吸电子基团，很难发生化学或生物氧化、水解反应	在土壤环境中停留时间很长，是显著的环境危险物
有机溶剂	废液的不恰当处理、储存罐泄漏	挥发性、水溶性、毒性	抑制土壤呼吸，高浓度的氯化溶剂（TCE）会抑制土壤微生物的生长和繁殖，降低土壤呼吸率

第二节　有机物污染土壤的原位修复

一、原位修复的理论

原位生物修复是在污染现场就地处理污染物的一种生物修复技术，通过向污染的土壤中引入氧化剂（如空气、过氧化氢等）和其他营养物

质、种植特殊植物甚至接种外来微生物、微型动物等使污染现场污染物在生物化学作用下降解，达到修复的目的。可以采用的形式主要有投菌法、土耕法、生物培养法和生物通风法等。

二、原位修复技术

（一）植物修复

1. 植物的直接吸收和降解

植物对土壤有机物的降解包括植物固定和植物降解两部分。植物的固定是通过调节污染土壤区域的理化性质使有机污染物腐殖化从而得到固定；植物降解是指有机污染物被植物吸收后，可直接以母体化合物或以不具有植物毒性的代谢中间产物的形态，通过木质化作用在植物组织贮藏，中间代谢产物进一步矿化为水和二氧化碳等，或随植物的蒸腾作用排出植物体。环境中大多数苯系物、有机氯化剂和短链脂肪族化合物都是通过植物直接吸收途径去除的。该技术主要用于疏水性适中的污染物，如 BTEX、TCE、TNT 等排废，对于疏水性非常强的污染物，由于其会紧密结合在根系表面和土壤中，从而无法转移到植物体内。而且挥发性污染物随蒸腾作用转移到大气和异地土壤中时或有毒有害有机物质转移到植物地上部分时可能对其他生物和人类产生一定的风险，故它的应用受到一定限制。

2. 植物分泌物的降解作用

植物的根系可向土壤环境释放大量分泌物，刺激微生物的活性，加强其生物转化作用，这些物质包括酶及一些糖、醇、蛋白质、有机酸等，其数量占植物年光合作用的 10%~20%。这些根系分泌物中，植物根系释放到土中的酶对污染物的降解起到关键作用，它们可直接降解一些有机化合物，且降解速度非常快。植物死亡后释放到环境中还可继续发挥分解作用。另外植物还可以分泌共代谢的底物，使难降解污染物发生共代谢作用。

3. 增强根际微生物降解

根际是指受植物根系活动的影响，在物理、化学和生物学性质上不同于土体的那部分微域土区。植物根际为微生物提供了生存场所，并可转移氧气使根区的好氧作用能够正常进行，植物根系分泌的一些物质和酶进入土壤，不但可以降解有机污染物，还向生活在根际的微生物提供营养和能量，刺激根际微生物的生长和活性，促进各种菌群的生长繁殖，使根际环境的微生物数量明显高于非根际土壤，形成菌根，可以增强生物间的联合降解作用和提高植物的抗逆能力和耐受能力；同时，植物根系的腐解作用可以向土壤中补充有机碳，加速有机污染物在根区的降解速度；根系的穿插作用能够起到分散降解菌和疏松土壤的作用。反过来，根际环境中微生物的作用不仅能够减轻污染物对植物的毒性，提高植物的耐受性，而且能够有效修复地力，促进植物的生长，从而加速对降解产物的吸收。这一共存体系的作用，将在很大程度上加速污染土壤的修复速度。

（二）微生物修复

微生物能以有机污染物为唯一碳源和能源，或者与其他有机物质进行共代谢而降解有机污染物，由于其自身强大的降解能力和可变异性，且能够适应复杂的自然环境而广泛用于各类环境介质的污染修复。利用微生物降解作用发展的微生物修复技术是指利用土著微生物或投加外源微生物通过其矿化作用和共代谢作用将有机污染物彻底分解为 CO_2、H_2O 和简单的无机化合物，如含氮化合物、含磷化合物、含硫化合物等，从而消除污染物质对环境的危害，在农田土壤污染修复中较为常见。

传统微生物修复技术存在两个问题：第一，降解速度慢，降解不彻底；第二，难降解有机物，生物可利用性低。针对第一个问题，可以利用生物强化（Bioaugmentation）技术，添加外源微生物或对土著微生物进行培养驯化，筛选能降解目标污染物的高效菌群，再将这些微生物添加到污染场所，以期在短期内迅速提高污染介质中的微生物浓度，利用它们的代谢作用来提高污染物的生物降解速率。外源微生物可以是一种高效降解菌或者几种菌种的混合，最好直接从需要修复的污染场地中进行筛选得到，这样可以更快地适应受污染区域的各种环境因素。

针对第二个问题，可利用生物刺激（Biostimulation）技术，通过外加电子受体、供氧体或基质来为土著微生物创造更好的生存条件，从而显著提高生物活性，促进难降解有机污染物的生物降解。刘虹等通过室内模拟研究得出，添加激活剂后经过 10~30 d 的修复，降解石油烃的土著微生物的量由原来的 4.78×10^5 细胞 /g 增加到 3.72×10^5~5.71×10^5 细胞 /g，对石油烃的降解率达 86.27%，而未加激活剂的土著微生物的降解率只有 10% 左右，修复效果明显。

乔俊等在试验条件下给含油量为 84 600 mg/kg 的污染土壤中添加营养助剂，结果表明，添加营养助剂后，污染土壤中总异养菌数量高于对照组 1~2 个数量级，说明调节碳氮比能够刺激土著微生物的迅速增长；且投加营养助剂后污染土壤中的微生物脱氢酶活性相较对照组提高了 3~4 倍，最终能够在经过 60 d 的修复后使对石油烃的降解率高于对照组约 28%，为 31.3%~39.5%。对于很多人造化合物，自然界中的微生物尚不能以它们作为单独碳源，也使得受人造有机化合物污染的土壤修复效果不好，但是由于微生物能够通过共代谢机制利用这类物质，雷梅等采用三种不用类型的碳源组成三种不同的有机修复剂添加到受有机氯工业污染场地的土壤中进行微生物降解试验。试验结果表明，添加有机修复剂能够显著促进对 HCHs 和 DDTs 的降解。与未添加修复剂的对照组相比较，对 HCH 和 DDT 的降解分别能够提高 19%~52% 和

39%~45%，90 d 内 HCH 的降解率最高可达 81%，30 d 内 DDT 降解率最高可达 51%。杨婷等分别在泥浆反应器中投加发酵牛粪和造纸干粉，试验结果发现投加这两种有机废弃物增加了土壤中多环芳烃（PAHs）降解菌的数量，促进了 PAHs 的降解，反应器总土壤 PAHs 的月降解率提高到对照组处理的 2 倍，对于 4~6 环 PAHs 降解率的提高效果尤其明显，从对照组的 7%~13% 提高到 21%~28%。

对于传统微生物修复技术存在的问题，除了上述的生物强化和生物刺激外，又发展出了固定化微生物修复技术。固定化微生物修复技术是指利用化学或物理的方法，将游离的微生物（细胞或酶）固定在限定的空间区域内，使其保持活性并能反复使用，将固定后的微生物投入污染环境中进行修复的技术。该技术因能保障功能微生物在农田土壤条件下种群与数量的稳定性和显著提高修复效果而受到青睐。固定化微生物修复技术具有以下优点：①提高微生物反应的浓度；②过程易控制；③耐环境冲击性增强，保护微生物免受污染物毒性的侵害；④不会造成菌体流失；⑤可降低二次污染。

范玉超等采用竹炭固定化技术研究了固定化微生物对土壤中阿特拉津的降解，砂姜黑土培养 28 d 后，自然降解和投加游离菌的土壤中的阿特拉津的残留率分别为 68.52% 和 58.50%，而投加竹炭固定化微生物的残留率降低到 50% 左右，效果明显。王新等分别采用物理包埋和化学包埋法对酵母菌进行固定化，酵母菌经过包埋后增加了载体内部菌的密度，经过 96 h 后发现两种包埋方法所制得的混合固定化酵母菌对苯并芘的降解率都明显高于游离菌，且物理包埋法效果好于化学包埋法，分别为 40.65% 和 36.31%，说明物理法更适合对酵母菌进行固定化包埋。刘春爽等利用草炭土来对筛选出来的石油降解菌进行固定并用于石油污染土壤的修复，经过 30 d 后，未投加降解菌，投加游离降解菌和固定化降解菌的石油烃降解率分别为 12.3%、24.3% 和 28.4%，经过固定化的降解菌的修复效果明显好于游离菌；且经过分析知道草炭土所吸附的石油烃含量仅占去除量的0.5%~0.8%，说明了污染土壤中石油的去除主要是微生物作用的结果。汪玉等采用黏土矿物材料蒙脱石和纳米蒙脱石为载体，采用吸附挂膜法对筛选出的阿特拉津降解菌株进行固定化处理，并用于降解土壤中的阿特拉津。试验结果表明，接种降解菌能显著加快阿特拉津在土壤中的降解速率，固定化的降解菌比游离菌能够取得更好的效果，且纳米蒙脱石固定化微生物的降解效果要好于原蒙脱石材料。阿特拉津在红壤、砂姜黑土、黄褐土中的自然降解半衰期分别为36.9、49.1、55.0 d，投加游离菌和纳米蒙脱石固定化降解菌后的半衰期分别为28.1、35.9、36.3 d和16.3、25.3、21.7 d。

（三）植物－微生物联合修复

在大量研究植物吸收/积累土壤中有机污染物的基础上，人们对植物修复的认识不断得到深化，在研究中不再仅仅局限于对超积累植物的筛选和植物自身的吸收转化作用，越来越多的研究者开始关注植物－微生物联合修复作用，也即根际修复，它是在自然条件下或人工引进外源微生物条件下通过微生物直接参与降解污染物质或促进植物生长（也有研究认为是由于植物根的分泌物促进微生物的数量和活性）来强化植物修复的一种修复技术。

Kevin等利用5种北美本地树种研究其在修复PAHs污染土壤中的作用，研究发现PAHs的消失和微生物的矿化作用不受植树的影响，分析认为土壤中大量PAHs快速消失很有可能是由于高生物可利用性和微生物活性的作用，而所植树种本身对PAHs减少并没有明显作用。

安凤春等在比较10种植物对DDT的降解中发现某些植物对DDT的积累虽然低于其他植物，但是试验结束时土壤中DDT残留量和DDT总的去除率却高于那些植物，通过分析DDT及其主要降解产物在草/

土壤系统中的质量平衡，作者认为在去除土壤中DDT及其主要降解产物的作用上，草的吸收是轻微的，只占原施药量的0.13%~1.08%，23.95%~71.94%的DDT及其主要降解产物从土壤中消失，分析认为这部分可能是由于土壤中微生物的降解作用。刘魏魏等在温室盆栽试验中，通过种植紫花苜蓿单独或联合接种菌根真菌（*Glomus Caledonium*）（AM）和多环芳烃专性降解菌（DB），研究了利用植物－微生物联合修复多环芳烃（PAHs）长期污染土壤的效果。研究发现接种微生物能够促进土壤中PAHs的降解和降低其对紫花苜蓿的毒害；接种菌根真菌和PAHs专性降解菌能明显促进土壤PAHs含量的降低；且当两者联合处理时存在交互作用，处理效率高于单独处理效果。滕应等在研究多氯联苯（PCBs）污染土壤菌根真菌－紫花苜蓿－根瘤菌联合修复效应中也发现对宿主植物紫花苜蓿进行菌根真菌和根瘤菌双接种，其修复效果明显大于单接种的效果；同时也发现联合修复作用效果还与土壤污染程度有关。

（四）物理化学修复

1. 土气相抽提和生物通风

土壤气相抽提（SVE）技术是一种通过强制新鲜空气流经污染区域，利用真空泵产生负压，空气流经污染区域时，解吸并夹带土壤孔隙中的VOCs经由抽提井流回地上；抽取出的气体在地上经过活性炭吸附法以及生物处理法等净化处理，可排放到大气中或重新注入地下循环使用。

生物通风（BV）是在SVE基础上发展起来的，实际上是一种生物增强式SVE技术。它们都是用于去除不饱和区有机污染物的土壤原位修复方法，但两者也存在一定的不同。第一，系统结构和设计目的上有很大不同。SVE是将注射井和抽提井放在被污染区域的中心，在BV系统中注射井和抽提井放在被污染区域的边缘效果会更好；此外，SVE的目的是在修复过程中使空气抽提速率尽可能达到最大，主要用于去除土壤中的挥发性有机污染物，而 BV 的目的是通过优化氧气传送和使用效率从而给污染场所的原位生物创造更好的好氧条件，其实质是微生物修复。因此，BV 使用相对较低的空气速率，以使气体在土壤中的停留时间增长，从而促进微生物降解有机污染物。第二，两者的使用情况也有所不同。SVE 主要用于含挥发性有机污染物的点源污染类型场所，如汽油储罐泄漏的情况，且具有前期去除污染速率快，后期去除效率迅速降低的特点；而 BV 既可应用于含挥发性有机污染物，也可应用于含半挥发性和不挥发性有机污染物的点源和面源污染场所。

2. 空气喷射

空气喷射（AS）是去除饱和区有机污染物的土壤原位修复技术，它主要是通过将新鲜空气喷射进饱和区土壤中，产生的悬浮羽状体逐步向原始水位上升，从而达到去除潜水位以下的地下水中溶解的有机污染物的目的。喷射进入含水层的空气能提供氧气来支持生物降解，也能将挥发性污染物从地下水转移到不饱和区，在那里再用 SVE 或 BV 法进行处理。

3. 土壤冲洗技术

土壤冲洗技术是指在水压的作用下，将水或含有助溶剂的水溶液直接引入被污染土层，或注入地下水使地下水位上升至受污染土层，使污染物从土壤中分离出来，最终形成迁移态化合物。该技术所需的运行和维护周期一般要 4~9 个月，能够用于处理地下水位线以上和饱和区的吸附态污染物，包括易挥发卤代有机物及非卤代有机物。冲洗液通常在污染区域的上游注入，而溶有污染物的废液在下游通过抽提井抽出，并通过收集系统收集后排入废水处理子系统做进一步处理。该技术一般要求处理土壤具有较高的渗透性，质地较细的土壤（如红壤、黄壤等）由于对污染物的吸附作用较强，需经过多次冲洗才能达到较好的效果。

4. 原位化学氧化还原修复技术

原位化学氧化还原修复技术主要是通过掺进土壤中的化学氧化剂与污染物所产生的氧化反应，使污染物降解或转化为低毒、低移动性产物的一项修复技术，它不需将受污染土壤挖掘出来，只需在污染区的不同深度钻井，将氧化剂注入土壤中，通过氧化剂与污染物的混合、反应使污染物降解或导致形态的变化，可用于修复受石油类、有机溶剂、多环芳烃、农药及非溶性氯化物等严重污染的场所或污染源区域，这些物质大都很难被微生物降解从而能在土壤中长期存在，而对于污染物浓度较低的轻度污染区域，该技术并不经济。该技术中常用的氧化剂主要有 $KMnO_4$、H_2O_2 和臭氧。其中，$KMnO_4$ 环境风险小，物质稳定，易于控制；H_2O_2 可以利用它的芬顿效应降解有机污染物，但要注意药剂的失效问题；氧化活性强，反应速度快。技术的工程周期随待处理区域污染特性、修复目标及地下含水层的特性不同而在几天到几个月不等。Gates 等研究发现，在 1 kg 土壤受污染土壤中投加 20 g $KMnO_4$ 时，TCE 和 PCE 的降解率分别可达到 100% 和 90%。Day 研究发现当受污染土中苯含量为 100 mg/kg 时，通入臭氧量为 500 mg/kg 时，苯的去除率可以达到 81%。

而化学还原修复技术是将污染物还原为难溶态，从而使污染物在土壤环境中的迁移性和生物可利用性降低，主要用于处理污染范围较大的水污染，工程周期一般在几天至几个月不等。在修复有机污染土壤中常用的还原剂包括：SO_2（一些氯化溶剂）、FeO 胶体（脱除很多氯化溶剂中的氯离子）。

5. 原位加热修复技术

污染土壤的原位加热修复即热力强化蒸汽抽提技术，是指利用热传导（如热井和热墙）或辐射（微波加热）的方式加热土壤，以促进半挥发性有机物的挥发，从而实现对污染土壤的修复，包括高温（>100℃）

和低温（<100℃）两种技术类型。该技术主要用于处理卤代有机物、非卤代的半挥发性有机物、多氯联苯（PCBs）以及高浓度的疏水性液体等污染物，一般需3~6个月完成修复，在使用该技术时需严格设计并操作加热和蒸汽收集系统，防止产生二次污染。

第三节　有机物污染土壤的异位修复

一、异位生物修复机理

当原位修复方法难以有效满足环境要求时，异位生物修复技术成为重要的选择。异位生物修复指将被污染的土壤挖出，移离原地，并在异地用生物及工程手段使污染物降解。它可保证生物降解的较理想条件，对污染土壤处理效果好，还可防止污染物转移，被视为一项具有广阔应用前景的处理技术。

二、异位修复技术

1. 生物堆法

生物堆法是一种用于修复处理受到有机污染的土壤的异位处理方法，通常是将受污染的土壤挖掘出来集中堆置，并结合多种强化措施采用生物强化技术直接添加外源高效降解微生物、补充水分、氧气和营养物质等，为堆体中微生物创造适宜的生存环境，从而提高对污染物的去除效率，这个过程中也存在挥发性有机污染物的挥发损失。生物堆法常用于处理污染物浓度高、分解难度大、污染物易迁移等污染修复项目。由于它对土壤的结构和肥力有利，限制污染物的扩散，所以生物堆法已经成为目前处理有机污染最为重要的方法之一。

2. 堆肥化

作为传统的处理固体废弃物的方法——堆肥技术，同样可以应用于受石油、洗涤剂、卤代烃、农药等污染土壤的修复处理，并可以取得快速、经济、有效的处理效果。堆肥法工程应用方式可分为风道式、好氧静态式和机械式，它是通过在移离的土中直接掺入能够提高处理效果的支撑材料，如树枝、稻草、粪肥、泥炭等易堆腐物质，然后通过机械或压气系统充氧，同时添加石灰等调节 pH 值稳定。经过一段时间的堆肥发酵处理就能将大部分的污染物降解，消除污染后的土可返回原地或用于农业生产。姜昌亮等以鸡粪为肥料，以稻壳、麦麸等为膨松剂，采用从污染土壤中筛选出来的优势降解真菌为菌剂，以长料堆式对辽河油田石油污染土壤处理取得理想效果，当每 100 g 污染土中 TPH 含量为 4.16~7.72 g 时，经过 53 d 的处理，降解率为 45.19%~56.74%。

3. 生物反应器

生物反应器处理法类似于污水生物处理法，它是将挖掘出来的受污染土壤与水混合后置于反应器内，并接种微生物。处理后，土壤－水混合液固液分离后土壤再运回原地，而分离液根据其水质情况直接排放或送至污水处理厂进一步处理。

生物反应器处理法的一个主要特征是以水相为介质，也正因此使其和其他处理方法相比较具有很多优点，如传质效果好、环境营养条件易于控制、对环境变化适应性强等，但是其工程复杂、费用高。

4. 土壤淋洗修复技术

土壤淋洗的作用机制在于利用淋洗液或化学助剂与土壤中的污染物结合，并通过淋洗液的解吸、整合、溶解或固定等化学作用，达到修复污染土壤的目的。主要通过以下两种方式去除污染物：①以淋洗液溶解液相或气相污染物；②利用冲洗水力带走土壤孔隙中或吸附于土壤中的污染物。

该技术源于采矿与选矿的原理，通过物理与化学方式从土壤中分离污染物。美国联邦修复技术圆桌组织推荐的异位土壤淋洗技术流程主要包括如下步骤：①污染土壤的挖掘。②土壤颗粒筛分，即剔除杂物如垃圾、有机残体、玻璃碎片等，并将粒径过大的烁石移除，以免损害淋洗设备。③淋洗处理，在一定的土液比下将污染土壤与淋洗液混合搅拌，待淋洗液将土壤污染物萃取出后，静置，进行固液分离；④淋洗废液处理，含有悬浮颗粒的淋洗废液经过污染物的处置后，可再次用于淋洗步骤中；挥发性气体处理，在淋洗过程中产生的挥发性气体经处理后可达标排放；淋洗后土壤的处置，淋洗后的土壤如符合控制标准，则可以进行回填或安全利用，淋洗废液处理过程中产生的污泥经脱水后可再进行淋洗或送至终处置场处理。异位土壤淋洗修复技术适用于土壤黏粒含量低于25%，被重金属、放射性核素、石油烃类、挥发性有机物、多氯联苯和多环芳烃等污染的土壤。

第六章　土壤污染防控

第一节　概　述

一、环境

环境是指影响人类生存和发展的各种天然的和经过人工改造的自然因素的总体，包括大气、水、海洋、土地、矿藏、森林、草原、湿地、野生生物、自然遗迹、人文遗迹、自然保护区、风景名胜区、城市和乡村等。

二、疑似污染地块

疑似污染地块是指从事过有色金属冶炼、石油加工、化工、焦化、电镀、制革等行业生产经营活动，以及从事过危险废物储存、利用、处置活动的用地。

三、污染地块

污染地块是指按照国家技术规范确认超过有关土壤环境标准的疑似污染地块。

四、疑似污染地块和污染地块相关活动

疑似污染地块和污染地块相关活动是指对疑似污染地块开展的土壤环境初步调查活动，以及对污染地块开展的土壤环境详细调查、风险评估、风险管控、治理与修复及其效果评估等活动。

五、污染地块信息系统

污染地块信息系统是生态环境部组织建立全国污染地块土壤环境管理信息系统的简称。

六、地块基本概念

建设用地是指建造建筑物、构筑物的土地，包括城乡住宅和公共设施用地、工矿用地、交通水利设施用地、旅游用地、军事设施用地等。

土壤污染风险管控和修复包括土壤污染状况调查、土壤污染风险评估、风险管控、修复、风险管控效果评估、修复效果评估、后期管理等活动。

土壤是指由矿物质、有机质、水、空气及生物有机体组成的地球陆地表面的疏松层。

地下水是指以各种形式埋藏在地壳空隙中的水。

地表水是指流过或静置在陆地表面的水。

七、地块污染与环境过程

关注污染物是指根据地块污染特征、相关标准规范要求和地块利益相关方意见，确定需要进行土壤污染状况调查和土壤污染风险评估的污染物。

目标污染物是指在地块环境中其数量或浓度已达到对生态系统和人体健康具有实际或潜在的不利影响，需要进行修复的关注污染物。

地块残余废弃物是指地块内遗留和遗弃的各种与生产经营活动相关的设备、设施及其他物质，主要包括遗留的生产原料、工业废渣、废弃化学品及其污染物，残留在废弃设施、容器及管道内的固态、半固态及液态物质，以及其他与当地土壤特征有明显区别的固态物质。

地下储罐是指一个或多个固定的装置或储藏系统，包括与其直接相连接的地下管道，其体积（含地下管道的体积）有 90% 或超过 90% 位于地面以下，通常含有可能对土和地下水造成污染的液相有害物质。

地上储罐是指一个或多个固定的装置或储藏系统，包括与其直接相连接的地上管道，其体积（含地上管道的体积）有 90% 或超过 90% 位于地面以上，通常含有可能对土和地下水造成污染的液相有害物质。

土壤质地是指按土壤中不同粒径的颗粒相对含量的组成而区分的粗细度。

地层结构是指岩层或土层的成因、形成的年代、名称、岩性、颜色、主要矿物成分、结构和构造、地层的厚度及其变化、沉积顺序等。

表层土壤是指位于地块最上部的一定深度范围内（一般为 0~0.5 m）的土壤，主要指地块中与人体直接接触暴露（经口摄入土壤、皮肤接触土壤和吸入土壤颗粒物）相关的土壤，包括地表的填土，但不包括地表的硬化层。

下层土是指表层土壤以下一定深度范围内的土壤，主要指地块中表层土壤以下可能受到污染物迁移扩散影响的土壤。

水文地质条件是指地下水埋藏、分布、补给、径流和排泄条件，水质和水量及其形成地质条件等的总称。

地下水污染羽是指污染物随地下水从污染源向周边移动和扩散时所形成的污染区域。

地下水埋深是指从地表到地下水潜水面或承压水面的垂直深度。

水力梯度是指沿渗透途径水头损失与相应渗透途径长度的比值。

渗透系数是指饱和土壤中，在单位水压梯度下，水分通过垂直于水流方向的单位截面的速度。

潜水层是指地表以下第一个稳定水层，有自由水面，以上没有连续的隔水层，不承压或仅局部承压。

八、地块调查与环境监测

地块概念模型是指用文字、图、表等方式来综合描述污染源、污染物迁移途径、人体或生态受体接触污染介质的过程和接触方式等。

土壤污染状况调查是指采用系统的调查方法，确定地块是否被污染以及污染程度和范围的过程。

地块历史调查是指对地块历史事件、地块用途变更、地块生产经营活动，以及地块中与危险废物处理处置等相关的历史资料进行系统的搜集、整理、分类和分析，以明确地块可能发生污染的历史及成因。

地块特征参数是指能代表或近似反映地块现实环境条件，用来描述地块土壤、水文地质、气象等特征的参数。

地块环境监测是指连续或间断地测定地块环境中污染物的浓度及其空间分布，观察、分析其变化及其对环境影响的过程。

土壤污染状况调查监测是指在土壤污染状况调查和风险评估过程中，采用监测手段识别土壤、地下水、地表水、环境空气及残余废物中的关注污染物及土壤理化特征，并全面地分析地块污染特征，确定地块的污染物种类、污染程度和污染范围。

地块治理修复监测是指在地块治理修复过程中，针对各项治理修复技术措施的实施效果所开展的相关监测，包括治理修复过程中涉及环境保护的工程质量监测和二次污染物排放监测。

修复效果评估监测是指在地块治理修复工程完成后，考核和评价地块是否达到已确定的修复目标及工程设计所提出的相关要求。

地块回顾性评估监测是指在地块修复效果评估后，特定时间范围内，为评价治理修复后地块对土壤、地下水、地表水及环境空气的环境影响所进行的监测，同时也包括针对地块长期原位治理修复工程措施效果开展的验证性监测。

系统布点采样法是指将地块分成面积相等的若干小区，在每个小区的中心位置或网格的交叉点处布设一个采样点进行采样。

系统随机布点采样法是指将监测区域分成面积相等的若干小区，从中随机抽取一定数量的小区，在每个小区内布设一个采样点。

专业判断布点采样法是指根据已经掌握的地块污染分布信息及专家经验来判断和选择采样位点。

质量保证是指为保证地块环境监测数据的代表性、准确性、精密性、可比性、可靠性和完整性等而采取的各项措施；质量控制是指为达到地块监测计划所规定的监测质量而对监测过程采用的控制方法，是环境监测质量保证的一个部分。

九、地块环境风险评估

致癌风险是指人群每日暴露于单位剂量的致癌效应污染物，诱发致癌性疾病的概率。

非致癌风险是指污染物每日摄入剂量与参考剂量的比值，用来表征人体经单一途径暴露于非致癌污染物而受到危害的水平，通常用危害商值来表示。

建设用地健康风险评估是指在土壤污染状况调查的基础上，分析地块土和地下水中污染物对人群的主要暴露途径，评估污染物对人体健康的致癌风险和危害水平。

地块生态风险评估是指对地块各环境介质中的污染物危害动物、植物、微生物和其他生态系统过程与功能的概率或水平与程度进行评估的过程。

危害识别是指根据土壤污染状况调查获取的资料，结合地块土地（规划）利用方式，确定地块的关注污染物、地块内污染物的空间分布和可能的敏感受体，如儿童、成人、生态系统、地下水体等。

暴露评估是指在危害识别的基础上，分析地块土壤中关注污染物进入并危害敏感受体的情景，确定地块土壤污染物对敏感人群的暴露途径，确定污染物在环境介质中的迁移模型和敏感人群的暴露模型，确定与地块污染状况、土性质、地下水特征、敏感人群和关注污染物性质等相关的模型参数值，计算敏感人群摄入来自土壤和地下水的污染物所对应的暴露量。

受体是指地块及其周边环境中可能受到污染物影响的人群或生物类群，也可泛指地块周边受影响的功能水体（如地表水、地下水等）和自然及人文景观（区域）等（如居民区、商业区、学校、医院、饮用水水源保护区等公共场所）。

敏感受体是指受地块污染物影响的潜在生物类群中，在生物学上对污染物反应最敏感的群体（如人群或某些特定类群的生态受体）、某些特定年龄的群体（如老年人）或处于某些特定发育阶段的人群（如 0~6 岁的儿童）。

关键受体是指经地块风险评估确定的，对污染物的暴露风险已超过可接受风险水平的人群或生态受体。

暴露情景是指特定土地利用方式下，地块污染物经由不同方式迁移并到达受体的一种假设性场景描述，即关于地块污染暴露如何发生的一系列事实、推定和假设。

暴露途径是指建设用地土壤和地下水中污染物迁移到达和暴露于人体的方式。

暴露方式是指建设用地土壤中污染物迁移到达被暴露个体后与人体接触或进入人体的方式。

暴露评估模型是指描述人体对污染物的暴露过程，预测和估算暴露量的概念模型及数学模拟方法。

污染物迁移转化模型是指描述污染物在土壤和地下水中扩散、迁移、衰减和转化等环境行为，预测污染物时空变化规律、瞬时动态及扩散和影响范围的数学模型及模拟方法。

毒性评估是指在危害识别的基础上，分析关注污染物对人体健康的危害效应，包括致癌效应和非致癌效应，确定与关注污染物相关的毒性参数，包括参考剂量、参考浓度、致癌斜率因子、单位致癌因子、毒性当量，血铅含量等。

致癌斜率因子是指人体终生暴露于剂量为每日每千克体重 1 mg 化学致癌物时的终生超额致癌风险度。

建设用地土壤污染风险筛选值是指在特定土地利用方式下，建设用地土壤中污染物含量等于或者低于该值的，对人体健康的风险可以忽略；超过该值的，对人体健康可能存在风险，应当开展进一步的详细调查和风险评估，确定具体污染范围和风险水平。

风险表征是指综合暴露评估与毒性评估的结果，对风险进行量化计算和空间表征，并讨论评估中所使用的假设、参数与模型的不确定性的过程。

可接受风险水平是指为社会公认并能为公众接受的不良健康效应的危险度概率或程度，包括可接受致癌风险水平和非致癌效应可接受危害商值。

危害商是指污染物每日摄入量与参考剂量的比值，用来表征人体经单一途径暴露于非致癌污染物而受到危害的水平。

危害指数是指多种暴露途径或多种关注污染物对应的危害商值之和，用来表征人体经多个途径暴露于单一污染物或暴露于多种污染物而受到危害的水平。

不确定性分析是指对风险评估过程的不确定性因素进行综合分析评价。地块风险评估结果的不确定性分析，主要是对地块风险评估过程中由输入参数误差和模型本身不确定性所引起的模型模拟结果的不确定性进行定性或定量分析，包括风险贡献率分析和参数敏感性分析等。

建设用地土壤污染风险管制值是指在特定土地利用方式下，建设用地土壤中污染物含量超过该值的，对人体健康通常存在不可接受风险，应当采取风险管控或修复措施土壤环境背景值是指基于土壤环境背景含量的统计值，通常以土壤环境背景含量的某一分位值表示。土壤环境背景含量是指在一定时间条件下，仅受地球化学过程和非点源输入影响的土壤中元素或化合物的含量。

十、地块风险管控和修复

地块治理修复是指采用工程、技术和政策等管理手段，将地块污染物移除、削减、固定或将风险控制在可接受水平的活动。

土壤修复是指采用物理、化学或生物的方法固定、转移、吸收、降解或转化地块土壤中的污染物、使其含量降低到可接受水平，或将有毒有害的污染物转化为无害物质的过程。

原位修复是指不移动受污染的土壤或地下水，直接在地块发生污染的位置对其进行原地修复或处理。

异位修复是指将受污染的土壤或地下水从地块发生污染的原来位置

挖掘或抽提出来，搬运或转移到其他场所或位置进行治理修复。

修复目标是指由土壤污染状况调查和风险评估确定的目标污染物对人体健康和生态受体不产生直接或潜在危害，或不具有环境风险的污染修复终点。

修复可行性研究是指从技术、条件、成本效益等方面对可供选择的修复技术进行评估和论证，提出技术可行、经济可行的修复方案。

修复方案是指遵循科学性、可行性、安全性的原则，在综合考虑地块条件、污染介质、污染物属性、污染浓度与范围、修复目标、修复技术可行性，以及资源需求、时间要求、成本效益、法律法规要求和环境管理需求等因素的基础上，经修复策略选择、修复技术筛选与评估、技术方案编制等过程确定的适用于修复特定地块的可行性方案。

修复系统运行与维护是指对长期运行的修复系统进行定期的监控、检查、保养和维护，以确保修复工程的稳定与运行效果。

修复工程监理是指按照环境监理合同对地块治理和修复过程中的各项环境保护技术要求的落实情况进行监理。

修复效果评估是指通过资料回顾与现场踏勘、布点采样与实验室检测，综合评估地块修复是否达到规定要求或地块风险是否达到可接受水平。

制度控制是指通过制定和实施各项条例、准则、规章或制度，防止或减少人群对地块污染物的暴露，从制度上杜绝和防范地块污染可能带来的风险和危害，从而达到利用管理手段对地块的潜在风险进行控制的目的。

工程控制是指采用阻隔、堵截、覆盖等工程措施，控制污染物迁移或阻断污染物暴露途径，降低和消除地块污染物对人体健康和环境的风险。

修复技术是指可用于消除、降低、稳定或转化地块中目标污染物的各种处理、处置技术，包括可改变污染物结构，降低污染物毒性、迁移性、数量、体积的各种物理、化学或生物学技术。

修复技术筛选是指依据经济可行、技术可行和环境友好等原则，结合地块现实环境条件，从修复成本、资源要求、技术可达性、人员与环境安全、修复时间需求、修复目标要求，以及符合国家法律法规等方面综合考虑与分析，通过软件模拟或矩阵评分等技术方法与程序，从备选技术中筛选出适合修复特定地块的可行技术。

地块档案是指记载地块基本信息，如地块名称、地理位置、占地面积、地块主要生产活动、地块使用权、土地利用方式，以及地块污染物类型和数量、地块污染程度和范围等，具有查考和保存价值的文字、图表、声像等各种形式的记录材料。

优先管理地块是指污染重、风险高、危害性大和污染情况危急，可能对人体健康和生态环境造成严重威胁或极大破坏，或因某些特殊情况和实际需要，需要进行优先控制、管理和治理的地块。

第二节　整体防控原则

一、保护优先，控制源头

坚持保护优先与控制源头相结合。优先保护质量良好的土壤，保护影响农产品质量、饮用水安全和人居健康的土壤，建立严格的土壤环境保护管理制度。强化环境准入和监管，从源头上严控土壤污染增量，消减土壤污染存量。

二、夯实基础，加强监管

依据对土壤污染状况的调查，完善土壤环境的大数据信息化管理，掌握土壤污染状况，准确研判土壤环境质量状况。完善环境监测、监察、应急网络体系和手段，拓展土壤环境监管的广度和深度，充分利用科学实用的新技术，推动土壤污染治理修复与监测。

三、突出重点，试点示范

统筹长远规划与近期目标，兼顾土壤环境质量监测与污染地块治理修复，兼顾不同土壤类型，着力解决制约土壤环境保护工作的瓶颈问题，抓住重点环节，在分类、分区、分级的基础上确定污染控制的优先顺序，优先选择集中连片耕地、历史遗留场地等典型区域，开展受污染土壤综合整治试点示范，采用先进治理修复技术，以点带面，探索建立适合土壤污染治理修复的技术体系，逐步推动受污染土壤的治理修复。

四、预防管控，分类治理

实施分类分级，确保安全使用。严格用途管制，建立耕地和建设用地分类分级管理制度。优先保护未污染耕地，安全利用轻污染耕地，严格管控重污染耕地的利用，加强农产品质量安全监测。严控建设用地的再开发利用过程监管，合理规划受污染场地的用途。

五、管研结合，协调推进

加强土壤环境监管能力建设，强化工程监管，引入科研技术力量，完善治理与修复标准，推进修复技术产业化，完善治理与修复项目库，提升土壤污染治理与修复的综合能力。

第三节　土壤污染整体防控

一、工业企业污染源头防控

（一）在产企业用地土壤污染防控

开展重点行业企业土壤污染状况详查。依据《土壤污染重点行业类别及土壤污染重点企业筛选原则》，筛选确定区域土壤污染重点行业企业名单，开展基础信息调查和信息入库工作，根据调查信息，科学划分高度、中度、低度关注地块。对高度关注地块，全部开展初步采样调查；对中度、低度关注地块，选择部分有行业代表性的地块作为样本，依据《重点行业企业用地土壤污染状况调查疑似污染地块布点技术规定》，对需要开展采样调查的地块进行布点。对于地下水可能受到污染的地块，布设地下水采样点位，规范土壤样品测试，科学分析测试成果，划分地块污染的风险等级，确定污染地块清单。综合分析区域内污染地块土地规划用途、行业特征、风险等级、社会影响等因素，选取一定比例的高风险污染地块建立优先管控名录。发生过环境事故，并对周边人群健康或社会稳定造成重大影响的在产企业地块或存在危害性较大的污染物，且污染较为严重的在产企业地块可以直接纳入优先管控名录。加强详查过程中土壤环境问题突出和环境风险高的区域和相关企业风险管控，落实风险管控措施，做到边调查、边应用、边管控，逐步建立健全土壤环境风险体系。

在详细调查过程中，针对场地土壤和地下水污染的特点，根据目标场地土壤类型各层分布、地下水高度、地下水走向、原企业生产产品、生产历史、生产功能区分布等情况，对场地的各个区域进行针对性调查，为确定场地污染土壤治理修复工程量提供依据。严格按照目前国内及国际上场地调查的相关技术规范进行调查。在场地调查中，对现场调查采样，样品保存运输、样品分析、风险评估等一系列过程进行严格的质量控制，保证调查过程和调查结果的科学性、准确性和客观性。在场地环境调查评估时要综合考虑调查方法、调查时间、调查经费以及现场条件等客观因素，保证调查过程切实可行。

1. 开展土壤污染隐患排查

根据重点企业的分布、规模和污染物排放情况，拟定区域土壤环境重点监管企业名单，实行动态管理，每年定期调整和公布。纳入名单的企业要依据有关规定及时向社会公开其产生的污染物名称、污染物来源、排放方式、排放浓度、排放总量、污染防治设施建设和运行情况以及土壤环境监测结果；按照工业企业土壤污染隐患排查指南，加强对生产区、原材料和废物堆存区、储放区、转运区的土壤污染隐患排查，排查对象主要包括各类设施和堆存场所，污染因子包括重金属和有机污染物等。隐患排查的对象和主要任务见表 6-1。

表 6-1　隐患排查的对象和主要任务

对象	主要任务
各类设施	包括散装液体存储设施（地下储罐、地表储罐、离地的悬挂储罐、水坑或渗坑等）、散装液体的转运设施（装车与卸货、管道运输、泵传输、开口桶的运输等）、散装和包装材料的存储与运输设施（散装商品、固态物质、液体等）、污水处理与排放设施、紧急收集装置和车间存储设施等
工业活动中可能造成土壤污染的物质	芳烃、醇、酯、有机酸、有机液体或乳液、无机化合物、矿物和矿石
加工和未加工的液态和糊状农产品	动物肥料，其他有机肥料和人工肥料
有毒有害废物	国家危险废物名录中列举的内容、污水污泥、生物废物、混合生活垃圾、混合施工和拆除废物、钻井泥浆和钻孔废物等

2. 开展土壤污染隐患整治

有关企业要根据排查情况，结合生产工艺类型、防护措施和监管手段进行土壤污染的可能性评估。存在风险隐患的重点企业和存在土壤污染的在产企业地块，要制定专项整治方案，实施“一厂一案”，限期治理，明确责任人，具体整改措施、时间和进度安排，并落实整改措施，按时完成治理修复任务。完善环境污染事件应急预案，防范突发环境事件污染土壤，对涉及土壤污染的环境污染事件，要启动土壤污染防治应急措施，制定并落实污染土壤治理和修复方案。

3. 实施工业污染源全面达标排放

实施排污口规范化整治，工业企业进一步规范排污口设置，编制年度排污状况报告。全面推进工业污染源“双随机”抽查制度，对污染物排放超标或者重点污染物排放超总量的企业予以“黄牌”警示，限制生产或停产整治；对整治后仍不能达到要求且情节严重的企业予以“红牌”处罚，依法责令限期停业、关闭。实施化工、电镀等涉重金属、危险废物等重点行业企业达标排放限期改造，大力推广先进的污染治理技术，督促企业升级改造环保设施，确保稳定达标排放。

4. 开展土壤环境定期监测

列入名单的企业每年要自行对其用地土壤进行环境监测，获取的相关数据向环境保护部门备案申报，并及时向社会公开。环境保护部门要定期对列入名单的企业的周边土壤开展监督性监测，作为环境执法和风险预警的重要依据。监测点位、监测因子、监测方法等要满足国家有关技术规定，确保监测数据的真实、有效和完整。

5. 强化重点监管企业土壤风险管控

对污染物排放浓度、单位产品排水量或排放总量超过现行排放标准的企业，实施限制生产、停产整治。相关企业要制定达标实施方案，落实治理资金，加强对污染治理设施的提标升级改造，严格执行污染防治设施运行制度，确保达标排放。按照网格化环境监管的要求，对重点企业加大现场巡查力度，督促企业建立完善的污染防治体系和环境风险防控体系。严控企业的“跑、冒、滴、漏”现象和无组织排放，防止污染土壤。严格环境执法，落实行政执法与刑事司法衔接机制，严厉查处企业的违法行为。

6. 强化企业拆除活动污染防控

电镀、医药化工等重点行业企业整体或局部拆除生产设施设备、构筑物和污染治理设施，要事先制定《企业拆除活动污染防治方案》和《拆除活动环境应急预案》，严格按照有关规定实施安全处理处置，防范拆除活动污染土壤。《企业拆除活动污染防治方案》报有关监管单位备案，《拆除活动环境应急预案》的编制及管理要参照《企业事业单位突发环境事件应急预案备案管理办法（试行）》。其中，涉及危险化学品生产使用企业的拆除活动，应同时满足《危险化学品安全管理条例》的规定；产生危险废物的拆除活动要满足《中华人民共和国固体废物污染环境防治法》中有关危险废物管理的规定；含石棉材料的设备、建（构）筑物等的拆除活动，要满足《石棉作业职业卫生管理规范》的要求；含多氯联苯的设备拆除，要满足《含多氯联苯废物污染控制标准》的相关技术要求；涉及放射性物质的设备、建（构）筑物等的拆除活动，应按照国家和地方放射性物质法规管理。

确保在拆除活动过程中不新增环境污染风险，消除拟保留在原址的设施、设备的环境污染风险，《企业拆除活动污染防治方案》要明确拆除活动全过程土壤污染防治的技术要求、周边环境特别是环境敏感点的保护要求等，并且要统筹考虑落实《污染地块土壤环境管理办法（试行）》，做好与后续污染地块场地调查、风险评估等工作的衔接。拆除作业前要做好环境污染风险识别，对拆除区域内各类物料、废物存储设备，以及自然坑池、基坑、堤沟、自然低地等区域内的遗留物料、残留污染物进行清理，拆除遗留设备。在拆除活动中，要按照环境污染风险识别、拆除施工、现场清理三个阶段进行，对遗留物料、设备、建（构）筑物及其拆除产物按照可利用与不可利用进行分类管理。拆除活动现场应划分拆除区、设备集中拆解区、设备集中清洗区、临时存储区等，根据作业过程污染特征，分别采取防雨、防淋洗、防渗、防扬尘，以及废水、废气集中收集等二次污染防治措施，并配备消防及应急处置物资。拆除活动结束后，企业应组织编制《企业拆除活动环境保护工作总结报告》。对于拆除活动过程中的污染防治相关资料，企业应保存并归档，为后续污染地块调查评估提供基础信息和依据。

（二）关闭搬迁企业用地土壤污染防控

开展关闭搬迁企业用地土壤污染状况调查。依据《关闭搬迁企业地块风险筛查与风险分级技术规定（试行）》，做好重点行业关闭搬迁企业清单的核实工作，开展关闭搬迁企业用地土壤环境调查。关闭搬迁企业用地土壤污染状况调查各阶段完成时限要求与在产企业用地完成时限要求一致。

调查工作分为风险筛查、风险分级与优先管控名录建立三个阶段。在风险筛查阶段，依据《重点行业企业用地调查信息采集技术规定（试行）》，收集关闭搬迁企业地块相关信息，填报并上传关闭搬迁企业地块信息调查表，利用风险筛查系统计算各地块的环境风险分值，评估关闭搬迁企业地块的相对风险水平，确定关闭搬迁企业地块的关注度。在风险分级阶段，对全部高度关注地块和部分中度、低度关注地块进行初步采样调查，依据关闭搬迁企业地块的初步采样调查结果与相关信息，开展关闭搬迁企业用地的地块污染特性、土壤污染物及地下水迁移途径、土壤及地下水污染受体等风险筛查和风险分级，评估关闭搬迁企业地块的相对风险水平，确定地块风险等级，分别划分为高风险、中风险和低风险地块。在优先管控名录建立阶段，综合考虑关闭搬迁企业地块的风险等级、地块的社会关注度等因素，建立关闭搬迁企业地块优先管控名录。

开展污染地块土壤环境调查评估。根据国家有关保障工业企业场地再开发利用环境安全的规定，完善关闭搬迁企业地块数据库，建立区域疑似污染地块名单。疑似污染地块名单实行动态更新，对疑似污染地块要按照国家有关环境标准和技术规范开展土壤环境初步调查，编制调查报告。初步调查报告应当包括地块基本信息、疑似污染地块是否为污染地块的明确结论等主要内容。根据初步调查报告建立污染地块名录，污染地块名录实行动态更新。对列入污染地块名录的地块，开展土壤环境详细调查，编制调查报告。详细调查报告应当包括地块基本信息，土壤污染物的分布状况及其范围，以及对土壤、地表水、地下水、空气污染的影响情况等主要内容。

根据《关于切实做好企业搬迁过程中环境污染防治工作的通知》（环办〔2004〕47 号）、《关于保障工业企业场地再开发利用环境安全的通知》（环发〔2012〕140 号）、《近期土壤环境保护和综合治理工作安排的通知》（国办发〔2013〕7 号）、《关于加强工业企业关停、搬迁及原址场地再开发利用过程中污染防治工作的通知》（环发〔2014〕66 号）等，做好土壤污染风险管控，拟定重点监管企业名单，编制土壤重点污染风险源清单，强化监管，实施分类治理，并对重点企业开展全面排查。要有效预防新污染、整治老污染、控制环境风险，就必须科学、严谨地开展场地环境状况调查、监测、评价工作环境风险评估严格按照三个阶段实施。第一阶段，即场地污染现状的初步识别阶段，主要目的是识别场地环境污染的潜在可能，通过会谈、场地访问以及填写调查表等方式，调查企业的生产状况、原辅材料使用种类、运输及存储方式、生产工艺、生产车间布置情况、工业固废、工业粉尘处置方式等，综合分析生产活动中的排污环节、污染土壤途径和污染因子，定性分析各污染因子对场地的污染程度及范围，提出场地污染监测技术方案，为下一阶段土壤风险评估及土壤污染修复方案提供基础数据。第二阶段，即场地污染甄别阶段。如果第一阶段的评价结果显示该场地可能已受污染，那么在第二阶段评价中将在疑似污染地块上进行采样分析，以确认场地是否存在污染。根据制定的土壤监测方案，委托监测单位取样监测分析，并对监测结果进行初步分析。第三阶段，即风险评估与污染治理方案制定阶段。根据监测结果，一旦确定场地已经受到污染，就需要全面、详细地评价污染程度及污染范围，并提出治理目标和推荐治理方案。在开展场地污染环境风险评估中重点控制质量，建立现场质量控制、质量审核、质量保证的协调和技术顾问组。现场质量控制保证现场钻探、采样、样品保存和流转过程满足项目实施方案和相关技术规范的要求。当现场工作不能满足质量控制的要求时，现场质量控制人员有权要求所有人员停止工作，并提出整改要求。

开展污染地块土治理与修复。根据风险评估结果，并结合污染地块相关开发利用计划，编制风险管控方案，有针对性地实施风险管控。对暂不开发利用的污染地块，实施以防止污染扩散为目的的风险管控，划定管控区域，设立标识、发布公告，并组织开展土壤、地表水、地下水、空气环境监测，发现污染扩散时应采取污染物隔离、阻断等环境风险管控措施；对拟开发利用为居住用地和商业、学校、医疗、养老机构等公共设施用地的污染地块，实施以安全利用或治理修复为目的的风险管控。选取具备开发条件、治理修复基础和典型示范性的污染地块，实施土壤治理与修复试点示范项目。

对需要开展治理与修复的污染地块，编制污染地块治理与修复工程方案。工程方案应当包括治理与修复范围和目标、技术路线和工艺参数、二次污染防范措施等内容。治理与修复要按照科学性、可行性和安全性的原则，综合考虑污染场地修复目标、土壤修复技术的处理效果、修复时间、修复成本、修复工程的环境影响等因素，合理选择土壤修复技术，因地制宜地制定修复方案，使修复目标可达，修复工程切实可行，并防止对施工人员、周边人群的健康以及生态环境产生危害和二次污染。污染地块治理与修复期间，要防止对地块及其周边环境造成二次污染；治理与修复过程中产生的废水、废气和固体废物，应当按照国家有关规定进行处理和处置，并达到国家或者地方规定的环境标准和要求。

根据确定的场地修复模式和土壤修复技术，制定土壤修复技术路线，可以采用一种修复技术，也可以采用多种修复技术进行优化组合。修复技术路线应反映污染场地的修复总体思路、修复方式、修复工艺流程和具体步骤，还应包括场地土壤修复过程中受污染水体、气体和固体废物等的无害化处理和处置等。落实土壤污染防治措施，土壤污染修复在修复场地范围内进行，所有机械设备均不离开修复场所，直到修复结束，可有效避免污染。污染土壤清挖存放过程中应做好覆盖，防止污染土壤飞扬。严格限制污染土壤挖掘设备、运输设备和处置设备的活动范围，防止将污染土壤带离污染区域。在污染土壤暂存过程中，堆放场周边应设置排水和集水设施，顶部覆盖，底部设置防渗层，减少雨水冲刷、污染物下渗及扬尘。清挖基坑回填的土壤需经过检测，不应超过本场地土壤修复目标值。污染地块经治理与修复，并符合相应规划用地土壤环境质量要求后，可以进入用地程序。污染地块未经治理与修复，或者经治理与修复仍未达到相关规划用地土壤环境质量要求的，不予批准建设。

（三）工业园土壤污染防控

开展工业园土壤环境调查。开展工业园的基础信息收集，历史沿革情况、场地现状、污染企业数量、涉重金属或有机污染物排放情况、污水处置设施建设情况和初步采样调查，完成数据信息的收集与录入。摸清工业园的土壤污染状况及污染地块分布，初步掌握工业园污染地块环境风险情况。

构建工业园污染综合预警体系。开展工业园污染综合预警体系建设，构建园区大气、水、土壤污染协同预防预警体系。重点加强工业园风险防范及应急设施建设，在已经比较完善的大气和地表水污染风险防范的基础上，强化土壤和地下水污染防范措施依托工业园内的企业资源，完善园区的日常和应急环境监测能力，建立覆盖面广的可视化监控系统，定期开展园区及周边环境监测。加强应急救援队伍、装备和设施建设，储备必要的应急物资，建立重大风险单位集中监控和应急指挥平台，完善事故应急体系，有计划地组织应急培训和演练，全面提升园区风险防控和事故应急处置能力。加快自动监测预警网络建设，健全环境风险单位信息库。

实施工业园土壤污染综合治理。严格工业园建设环境准入标准，新建、改造、升级的工业园需全面开展园区规划环境影响评价，充分评估园区环境风险，提出园区风险防范工程措施。工业园要按规定建成工业污水集中处理设施及配套管网，确保园内企业排水接管率达100%。园内企业应做到“清污分流、雨污分流”，实现废水分类收集、分质处理，并对废水进行预处理，达到园区污水处理厂接管要求后，接入园区污水处理厂集中处理。园内企业要加强对废气尤其是挥发性和半挥发性有机物气体的收集和处理，严格达标排放，配备相应的应急处置设施。有条件的工业园要配套建设危险废物和一般固体废物集中暂存和处置设施，提升园区各类固体废物处理处置能力。根据工业园的污染现状和对周边土壤环境的影响，开展园区内大气、水、固废污染源协同治理工作，防止污染土壤。

健全工业园土壤环境管理制度。编制工业园土壤环境管理和技术文件，探索构建高效的园区土壤环境管理制度体系。工业园管理机构要制定园区内主要污染物和化学特征污染物的监测方案，严格控制污染物排放，并加强对水、空气和土壤环境质量的监测；严格按照排放标准对企业特征污染物实施监督管理，杜绝有毒有害污染物超标排放；督促企业按照要求进行危险化学品环境管理登记，加强化学品环境风险管理；督促企业按照要求严格进行危险废物暂存、转移和处置管理；严格执行国家鼓励的有毒有害原料（产品）替代品目录，加强电气电子、汽车等工业产品中有害物质的控制。

（四）涉重企业土壤污染防控

严格重金属总量控制指标。严把环境准入关，严格涉重建设项目审批，新（改、扩）建涉重企业和涉重园区必须严格按照重金属污染防治要求，把重金属总量指标作为经济结构调整和产业升级的重要抓手，合理布局，缓解重金属排放的环境压力。实施重点重金属污染物排放总量指标前置审核制度，新（改、扩）建项目需取得重点重金属排放量指标。制定重点行业的重点重金属排放量控制方案，利用提高行业准入、优化产业结构和加大污染治理等手段，控制重点行业的重点重金属排放量。重金属防控重点见表 6-2。

表 6-2 重金属防控重点

重点污染物	铅（Pb）、汞（Hg）、镉（Cd）、铬（Cr）、类金属砷（As）等元素为重点防控的重金属污染物，兼顾镍（Ni）、铜（Cu）、锌（Zn）、钒（V）等其他重金属污染物
重点行业	金属表面处理及热处理加工业（电镀）、皮革制造业、化学原料及化学制品制造业等

实施重点企业重金属达标排放行动。实施涉重金属污染源全面达标排放计划，全面排查涉重企业的重金属达标排放情况。重金属重点排污企业达标排放率达到 100%，涉重危废安全处置率达到 100%。对整治无望的企业要依法依规实施关闭取缔，对整治后可以达标的企业，要责

令其采取限制生产、停产整治等措施，实施“一厂一案”，限期治理。没有达标的企业要主动落实治污主体责任，按照排放标准要求，根据污染治理设施现状和污染物排放特点等情况，针对排放不达标的因子制定专项整治方案，对污染治理设施进行达标升级改造，实施深度治理，按时完成达标整治任务。严格执行污染防治设施运行制度，加强日常运行管理，确保治理设施正常运行，依法排污，稳定达标。将电镀等行业重金属污染物纳入排污许可证管理，推行以排污许可证为核心的污染源综合管理制度。采取“以奖代补”方式鼓励现有重金属污染企业升级改造，降低重金属排放总量，实现稳定达标排放。

全面提升涉重产业技术水平。按照国家节能减排、淘汰落后产能、行业技术进步和清洁生产等要求，涉重行业企业要积极研发和推广先进的工艺技术及装备，采用重金属污染小的原辅材料和技术路线，淘汰高耗能、高污染、低效率的落后工艺和设备，做好强制性清洁生产审核，加快实施清洁化生产改造，提高“三废”回收利用率，严格控制无组织排放，采取源头控制、过程治理等多途径减少重金属污染物的产生和排放。重点重金属排放行业污染治理见表 6-3。

表 6-3　重点重金属排放行业污染治理

金属表面处理及热处理加工	继续实施电镀企业清洁化改造，全面推广三价铬镀铬、镀锌层钝化非六价铬转化膜等工艺技术，推广使用间歇逆流清洗等电镀清洗水减量化技术，推广行业采用镀铬、镀镍、镀铜溶液净化回收技术。加快推进电镀企业提升废水回用率。加强车间酸雾收集处理设施建设，强化无组织酸雾排放收集处理
医药化工行业	加快典型企业污染治理设施的升级改造，强化废气和废水等重金属的协同处理控制。加强企业原料和废渣堆放存储场所的规范化建设，禁止露天堆放

推进历史遗留重金属污染治理。加快涉重金属企业遗留场地环境调查，对遗留涉重金属危险废物、周边环境影响及污染治理进度情况等进

行全面摸排。做好医药化工、电镀等涉重金属企业关停搬迁旧址的环境调查和风险评估。根据调查和评估结果，制定综合整治方案，按照污染等级和危害程度，实施治理修复示范工程建设，集中解决重金属污染问题。

完善重金属环境监测网络。优化调整重金属环境质量监测点位，建立区域重金属污染监测网络、农产品产地重金属监测网络、重金属污染健康监测网络，对重金属重点防控区的污染源及其周边水、气、土壤、农产品等开展重金属跟踪监测。加快推进重点河流监测断面水质重金属自动监测站的建设，开展重金属指标自动监测。

提高涉重企业环境风险防范水平。将涉重企业全部纳入土壤重点监管企业名单，督促企业按照相关要求做好环境风险评估、环境安全隐患排查及治理、环境应急演练等工作，健全重金属环境风险防控体系，提高重金属突发环境事件应急能力。严格落实环境风险隐患登记、整改和销号的全过程监管制度。强化对含重金属废气集中收集处理设施、含重金属废水收集处理和回用设施的风险管控，防止出现重金属污染事故。

（五）持久性有机物土壤污染防控

实施持久性有机污染物（POPs）统计调查。对电镀行业企业进行持久性有机污染物控制，组织开展 PFOS 和 HBCD 等新增列 POPs 在电镀等行业的使用情况调查，全面查清 POPs 的产生和排放情况。

淘汰 POPs 落后产能和设施。按照《关于利用综合标准依法依规推动落后产能退出的指导意见》的要求，淘汰 POPs 排放强度大、不能稳定达到环保标准排放的生产工艺装备和产品，关停经整改仍不达标的 POPs 排放企业。

严格控制 POPs 新增量。禁止审批生产国际公约中禁止使用的杀虫剂类和阻燃剂类 POPs 的新建、改建和扩建项目。加强政策引导和技术推广，重点排放行业新建、改建和扩建项目要采用POPs污染防治先进的技术和工艺，降低POPs排放水平。加强重点排放行业竣工环境保护验收中Dioxin排放监测，确保Dioxin削减和控制措施落实到位，从源头削减排放量。

开展POPs污染场地调查评估和治理。全面开展POPs污染场地调查评估，评估其环境和健康风险，建立污染场地档案，跟踪治理情况及风险水平，实现对场地的动态管理。

二、农用地土壤污染防控

（一）农用地土壤污染状况详查

以耕地为重点，兼顾园地和草地，全面启动农用地土壤污染状况详查，整合环保、国土资源、农业、住房和城乡建设等部门的相关数据和信息资料，建立土壤环境基础数据库。依据《土壤样品采集流转制备和保存技术规定》《农产品样品采集流转制备和保存技术规定》《农用地土壤污染状况详查质量保证与质量控制技术规定》《全国土壤污染状况调查样品分析测试方法技术规定》《全国土壤污染状况详查农产品样品分析测试方法技术规定》开展样品的采集、保存、流转、制备、分析、质控工作，分析测试结果，评价土壤环境风险，确定农用地土壤污染的面积与分布，以及对农产品质量的影响。调查成果将作为农用地分类管理和安全利用的依据。基本查清耕地土壤污染的面积、分布及其对农产品质量的影响，构建农用地土壤环境质量基础数据库。

（二）农用地土壤环境质量类别

根据农用地土壤污染状况详查、农用地土壤环境监测、农产品质量协同监测等结果，依据国家农用地土壤环境质量类别划分技术指南，开展农用地环境质量类别划分，按污染程度将农用地划为三个类别：未污染和轻微污染的划为优先保护类，轻度和中度污染的划为安全利用类，重度污染的划为严格管控类。

建立分类清单，明确优先保护类、安全利用类和严格管控类的区域、面积及污染因子，分别采取相应管控措施，保障农产品质量安全。根据土地利用变更和土壤环境质量变化情况，定期对各类别耕地面积、分布等信息进行更新。针对不同污染类型的农用地，细化治理与修复工作任务和重点项目。

（三）农用地土壤污染风险管控

针对不同的农用地土壤环境质量类别，分别采取不同的土壤环境保护和风险管控措施。将符合条件的优先保护类耕地划为永久基本农田，实行严格保护。开展地力培肥及退化耕地治理，切实保护耕地土壤环境质量，严格控制在优先保护类耕地集中区域新建有色金属冶炼、石油加工、化工、焦化、电镀、制革等有污染的重点行业企业，加快现有重点行业企业提标升级和技术改造，确保耕地不受污染。对优先保护类耕地面积减少或土壤环境质量下降的区域进行预警提醒，并依法采取环评限批等限制性措施。强化农产品质量检测，采取农艺调控、替代种植等措施，降低农产品超标风险。

严格管控类耕地要按时完成特定农产品禁止生产区域的划定，严禁种植食用农产品。制定实施重度污染耕地种植结构调整或退耕还林还草计划，加强林地、草地、园地土壤环境管理。严格控制林地、草地、园地的农药使用量，禁止使用高毒、高残留农药。加大生物农药、引诱剂的使用推广力度，将重度污染的牧草地集中区域纳入禁牧休牧实施范围。

加强灌溉水水质管理。开展灌溉水水质监测，灌溉用水应符合农田灌溉水水质标准。禁止在农业生产中使用含重金属、难降解有机污染物污水，以及未经检验和安全处理的污水处理厂污泥、清淤底泥、尾矿等。对因长期使用污水灌溉导致土壤污染严重、威胁农产品质量安全的，要及时调整种植结构。对灌溉造成重金属和持久性有机污染的耕地开展治理修复试点示范，探索经验，积极推广。

（四）重污染农用土地调查评估

重度污染农用地转为城镇建设用地的，组织开展土壤环境调查评估，符合用地标准或经治理修复后达标的才能开发利用。暂不开发利用或现阶段不具备治理修复条件的污染农田，划定管控区域，采取有效的污染防治措施，实施土壤环境风险管控。

对规模化养殖、固体废物处理处置、重大污染事故影响区和其他重大污染源影响区内受到污染的农用地，开展土壤污染调查和风险评估。经评估确需治理与修复的，要编制农用地土壤污染治理与修复方案，有序组织实施。

（五）农业污染源头防控

1. 提高化肥、农药利用率，控制农业面源污染

推行测土配方施肥，鼓励增施有机肥，提高化肥利用率。在现有测土配方施肥推广已形成的机制、信息服务、精准指导等模式的基础上，扩大测土配方施肥实施范围，实现水稻、玉米等主要农作物和特色农作物全覆盖，实现化肥使用量零增长。按照“精、调、改、替”的技术路径，建立蔬菜、水果化肥减量增效示范区，开展化肥减量增效效果监测和培训，总结经验后推广。加强农用有机肥、化肥质量的检测，禁止使用不合格产品。

大力发展有机农业。发展有机农业是控制农业面源污染的有效途径之一，其遵循自然和生态平衡规律，不施用人工合成的农药、化肥、饲料添加剂等化学物质和基因工程生物及其产物，采取作物秸秆、畜禽粪

肥、绿肥和作物轮作以及各种物理、生物和生态措施，使农业得到可持续发展。大力发展有机农业，符合国家关于污染控制与生态环保并重的环保战略要求，是农业面源污染防治的根本措施。

加快高效低毒低残留农药品种的推广应用，在准确诊断病虫害并明确其抗药性水平的基础上，根据病虫监测预报，配方选药，对症用药，避免盲目加大施用剂量和使用次数。培育扶持病虫防治专业化服务组织和新型农业经营主体，推进病虫害统防统治。推广绿色防控，加大杀虫灯、防虫网、有色黏板、生物天敌等绿色防控技术的推广，实现农药使用量零增长。

2. 推行秸秆综合利用技术

提高农作物秸秆综合利用率。积极开展秸秆还田、在田堆区、冬种秸秆覆盖、秸秆养畜等技术的研究、应用与推广。在夏季，秸秆机械化直接还田。在秋季，选用农作物秸秆，利用机械粉碎成小段并碾碎，再压缩成块，作为养猪的垫料，形成“秸秆—养猪有机肥—农田”综合利用模式。

加强秸秆肥料化利用。继续推广普及保护性耕作技术，以实施玉米、水稻、小麦等农作物秸秆直接还田为重点，按照秸秆机械化还田作业标准，科学合理地推行秸秆还田技术。结合秸秆腐熟还田、堆区还田、生物反应堆以及秸秆有机肥生产等，提高秸秆肥料化利用率。

提高秸秆饲料化利用率。秸秆是牛羊粗饲料的主要来源，要把推进秸秆饲料化与调整畜禽养殖结构结合起来，在粮食主产区和农牧交错区积极培植秸秆养畜产业，鼓励秸秆青贮、氨化、微贮、颗粒饲料等的快速发展。

鼓励秸秆能源化利用。立足于各地秸秆资源分布，结合乡村环境整治和节能减排措施，积极推广秸秆生物气化、热解气化、固化成型、炭化、直燃发电等技术，推进生物质能利用，改善农村能源结构。

推进秸秆基料化利用。大力发展以秸秆为基料的食用菌生产，培育壮大秸秆生产食用菌基料龙头企业、专业合作组织、种植大户，加快建设现代高效生态农业。利用生化处理技术，生产育苗基质、栽培基质，满足集约化育苗、无土栽培和土壤改良的需要，促进农业生态平衡。

探索秸秆原料化利用。围绕现有基础好、技术成熟度高、市场需求量大的重点行业，鼓励生产以秸秆为原料的非木浆纸、木糖醇、包装材料、降解膜、餐具、人造板材、复合材料等产品，大力发展以秸秆为原料的编织加工业，不断提高秸秆高值化、产业化利用水平。

3. 做好水土保持工作，防治污染迁移。

水土流失造成农业面源污染对生态安全构成重大威胁，其污染控制主要通过水土保持措施来完成。一是对污染源系统的控制。通过改善土质地、增强土壤团粒结构等表土稳定化措施，或提高植被覆盖度、增加土壤微生物种类等生物措施，来减少污染源系统的通量。二是对污染物运移途径和过程的控制。通过降低地面坡度，以渠道化手段分散径流或降低流速，减弱径流的侵蚀力，从而减少雨水在地面的溢流量。

4. 推广农村生活污水治理

农村生活污水主要来自厨房炊事用水、沐浴用水、洗涤用水和冲洗厕所用水。一般农村生活污水排放不均匀，水量变化明显。农村生活污水处理技术应该因地制宜，采取多元化处理模式与措施。以分散处理为主，分散处理与集中处理相结合；邻近市政污水管网且满足市政排水管网标准的接入要求，宜接入市政管网统一处理。农村污水处理技术要根据不同地区、不同经济水平，根据村庄所处区位、人口规模、聚集程度、地形地貌、排水特点及排放要求、经济承受能力等具体情况选择。基于农村地区经济基础薄弱、从业人员技术水平和管理水平较低的现状，选择污水处理技术时应特别注重选用简便易行、运行稳定、维护管理方便，利用当地技术和管理力量能够满足正常运行需要的处理工艺。

三、生活垃圾源土壤污染防控

（一）生活垃圾的分类收运设施

通过使用清洁能源和原料、开展资源综合利用等措施，在产品生产、流通和使用等全生命周期促进生活垃圾源头减量。推进垃圾分类，推进废弃含汞荧光灯、废温度计、废电池等有害垃圾的单独收运和处理工作，提高可回收物品的回收利用率。建立与垃圾分类、资源化利用以及无害化处理相衔接的生活垃圾投放、收集、运输网络，加大生活垃圾收集力度，因地制宜建设大中型转运站，逐步实施生活垃圾强制分类，加快建设分类收运设施和分类运输体系。鼓励采用压缩式方式收集和运输生活垃圾。结合新农村建设，完善村庄保洁制度，推进农村生活垃圾收集与处理处置。

（二）生活垃圾无害化处理设施

选择先进适用、符合节约集约用地要求的无害化生活垃圾处理技术。加强生活垃圾基础设施建设，实现城市生活垃圾处理设施全覆盖。鼓励集成多种处理技术，统筹解决生活垃圾处理问题。加强垃圾渗滤液和焚烧飞灰的处理处置，推进垃圾填埋场甲烷利用和恶臭处理，重点排污单位应向社会公开垃圾处理处置设施污染物排放情况。

（三）垃圾填埋场排查与整治

对垃圾填埋场和生活垃圾堆放点的运行情况、污染治理现状、周围环境污染状况进行调查和环境风险评估，对存在环境问题和造成污染的处理设施制定治理方案，并实施整治。对渗滤液处理不达标的生活垃圾卫生填埋场，要尽快新建或改造渗滤液处理设施。对于已造成严重土壤和地下水污染的垃圾集中处置设施，要及时开展风险管控和治理修复工作。

四、工业固废和危险废物源土壤污染防控

（一）工业废物处理处置

全面整治工业副产石膏、铬渣、除尘产生固体废物的堆存场所，完善防扬散、防流失、防渗漏等设施。对电子废物、废轮胎、废塑料等再生利用活动进行清理整顿，加强收集、运输、储存、拆解和处理等全过程的污染防治，取缔污染严重的非法加工小作坊、“散乱污”企业和集散地，引导有关企业采用先进的加工工艺集聚发展，集中建设和运营污染治理设施，防止污染土壤和地下水。

（二）危险废物处置设施建设和监管

加快各类危险废物集中处置设施建设和资源统筹调配。规范和整顿危险废物产生单位自建储存和处置利用设施，依法整改、淘汰或关停不符合有关要求的处置利用设施。在建设集中处理处置设施的同时，形成比较完善的危险废物专业化处置队伍和监督管理体系，对危险废物的产生、收集、运输、储存、处置等各环节实施全过程管理。推进危险废物鉴定能力实验室的建设，提高危险废物的鉴定能力和管理水平。提高危险废物综合回收利用率，积极研发和推广先进的危险废物处理处置技术，提高危险废物处理处置的工艺技术水平，加快解决危险废物和严控废物协同处理等突出问题。

（三）处置场所土壤治理与修复

对于已造成土壤、地下水污染的工业固体废物和危险废物处置场所及设施，开展土壤环境现状调查和风险评估工作，根据评估结果，开展受污染土壤的风险管控和治理修复工作。

五、农药和农膜固废源土壤污染防控

（一）农药包装废弃物回收处理

对于农药包装废弃物的回收处理，坚持谁生产谁负责、谁销售谁回收、谁使用谁交回的原则，通过政府引导、企业责任、农户参与、市场驱动，实现农药包装废弃物的减量化、无害化。探索建立农药包装废弃物回收奖励或使用者押金返还等制度，引导农药使用者主动交回农药包装废弃物。农药包装废弃物集中处置应当由专业处置单位参照危险废物处置的相关技术标准进行无害化集中处置，禁止露天焚烧、擅自填埋。

（二）废弃农膜回收利用

加强废弃农膜的回收利用，建立健全废弃农膜回收贮运和综合利用网络，开展废弃农膜回收利用试点。按照“减量化、资源化、再利用”的循环经济理念，加快推进废弃农膜的回收、再生和资源化利用，力争实现废弃农膜全面回收利用。

六、畜禽养殖源土壤污染防控

（一）畜禽养殖源头减排

畜禽养殖污染防治应遵循发展循环经济、低碳经济、生态农业与资源化综合利用的总体发展战略，严格遵守“禁养区”和“限养区”的规定，实现源头减排，提高末端治理效率，实现稳定达标排放和“近零排放”，确保畜禽养殖废弃物有效还田利用，防止二次污染。严格规范兽药、饲料添加剂的生产和使用，建立兽药、饲料添加剂的销售管控体系，防止过量使用和重金属等污染物进入外环境，促进源头减量。

（二）污染物综合利用和处置

加强畜禽粪便的综合利用，规模化畜禽养殖场排放的粪污应实行固液分离，粪便应与废水分开处理和处置，逐步推行干清粪方式。推进畜禽粪便综合利用，建设畜禽废弃物处理设施。对因规模化畜禽养殖污染造成土壤、地下水污染的场所，要开展土壤环境现状调查和风险评估工作，根据评估结果，开展受污染土壤的风险管控和治理修复工作。

七、油站和油库源土壤污染防控

（一）加油站土壤污染防治

新建、改建、扩建加油站（点）地下油罐一律使用双层油罐。埋地加油管道应采用双层管道，并设置常规地下水监测点位，防止油品渗漏污染土壤和地下水。若发现油品泄漏，需启动环境预警和开展应急响应。应急响应措施主要有泄漏加油站停运、油品阻隔和泄漏油品回收。

（二）汇油库土壤污染防治

做好油罐内壁及底板防腐，减少油罐钢板的腐蚀，防止漏油，延长清罐周期，减少含油污水排放。采取有效措施减少油品“跑、冒、滴、漏”现象。建设与其规模相适应的油污水处理设施，并确保其有效运行。排水系统要有能够快速切断的阀门，以确保在事故状态下污水能够得到有效控制，避免污染周边环境。产生的废吸油棉、擦拭设备的废棉布、清罐油泥及废油等危险废物要严格按照危险废物管理有关规定做好暂存、转移和安全处置工作，避免造成土壤污染。

八、污泥源土壤污染防控

强化污泥安全处理处置。按照减量化、稳定化、无害化和资源化原则，推进污泥处理处置设施建设。建立污泥产生、运输、储存、处置全过程监管体系，严禁处理处置不达标的污泥进入耕地，全面排查并取缔非法污泥堆放点。污水处理厂污泥处置方式有焚烧、土地利用、填埋、建筑材料综合利用等。污泥土地利用主要包括土地改良和园林绿化等。污泥土地利用时，污泥必须进行稳定化和无害化处理，并达到有关标准和规定。鼓励采用厌氧消化或高温好氧发酵（堆肥）等方式处理污泥。污泥建筑材料综合利用包括用于制作水泥添加料、制砖、制轻质骨料和路基材料等。不具备土地利用和建筑材料综合利用条件的污泥，可采用填埋的处置方式。

九、危险化学品仓储设施源土壤污染防控

危险化学品仓储设施布局应纳入区域发展规划、土地利用总体规划和城乡规划中，统筹安排，合理布局。在环境敏感区域内划定特征污染物类重点防控化学品限排区域，一律不得新建、扩建危险化学品储存项目，逐步搬迁已有仓储设施。加大淘汰和限制力度，避免高毒、难降解、高环境危害的化学品进入仓储设施造成环境安全隐患。

十、未利用地土壤污染防控

对允许开发的未利用地要按照绿色发展要求，根据土壤环境承载力和区域特点，合理确定未利用地功能定位和空间布局。鼓励工业企业集聚发展，提高土地节约集约利用水平，减少土壤污染。严格执行相关行业企业布局选址要求，禁止在居民区、学校、医疗和养老机构等周边新建有色金属冶炼、化工等行业企业。结合区域功能定位和土壤污染防治需要，科学布局生活垃圾处理、危险废物处置、废弃资源再生利用等设施和场所。

农用地开发项目主要布局在距离城镇工矿较远、自然条件易于开发利用、未利用地资源较丰富集中的区域。拟开发为农用地的，组织开展土壤环境质量状况评估，不符合相应标准的，不得种植食用农产品。对纳入耕地后备资源的未利用地，应定期开展巡查。

建设用地开发项目主要布局在离城镇近、交通便利、基础设施较为完善的区域。在土地利用总体规划确定的有条件建设区和允许建设区范围内，鼓励和引导项目使用未利用地，未利用地土壤环境质量要达到规划建设的功能定位标准，不达标的需经治理与修复后才能利用。

未利用地的开发利用要因地制宜，科学开发，根据土壤现状调查和评价结果，查清未利用地的利用状况、适宜用途以及对生态环境的影响，制定科学和合理的未利用地开发利用功能分区和土地利用规划，节约集约利用新增土地资源，防止造成土壤污染。

（一）土壤污染治理与修复制度体系

构建治理修复全过程环境监管制度体系，明确土壤环境调查、风险评估、治理与修复等全过程的监管评估制度。建立多部门间的信息沟通机制，实行联动监管。制定土壤污染治理修复效果长期监管制度，定期展开监测评估，防治土壤二次污染。按照“谁污染，谁治理”的原则，造成土壤污染的单位或个人要承担治理与修复的主体责任。责任主体发生变更的，由变更后继承其债权、债务的单位或个人承担相关责任；土地使用权依法转让的，由土地使用权受让人或双方约定的责任人承担相关责任。责任主体灭失或责任主体不明确的，由政府依法承担相关责任。土地使用权终止的，由原土地使用权人对其使用该地块期间所造成的土壤污染承担相关责任。土壤污染治理与修复实行终身责任制。

依据国家发布的相关管理办法、政策法规、技术导则和标准规范，构建土壤环境调查、风险评估、方案编制、修复工程实施、环境监理、验收和修复效果评估以及修复后土地安全再开发利用全过程的土壤环境监管、土壤污染修复以及相关检测勘查咨询服务的管理制度文件、技术规范和配套标准体系。

治理与修复工程完工后，按照国家有关环境标准和技术规范，开展治理与修复效果评估，编制治理与修复效果评估报告，及时上传并向社会公开。评估报告应当包括治理与修复工程概况、环境保护措施落实情况、治理与修复效果监测结果、评估结论及后续监测建议等内容。落实土壤污染治理与修复终身责任制，并按照国家有关责任追究办法实施责任追究。

强化突发土壤环境事件应急处置管理，健全土壤环境应急管理体系，构建政府、社会、企业多元共建的综合救援应急体系，建立社会化应急救援机制。完善突发环境事件现场指挥与协调制度，以及信息报告和公开机制。健全相关部门应急联动机制，加强信息共享和协调配合。加强突发土壤环境事件调查、突发土壤环境事件环境影响和损失评估制度建设。建立突发环境事件导致的土壤污染和固体废物应急处置的管理制度、技术规范，强化突发事件土壤污染应急处置的软硬件能力。建设重金属、有机物和生物污染土壤应急处置和修复中心，实现不明固体废物倾倒、突发危险品和化学品泄漏、原油泄漏或其他公共安全事件中土壤污染或固体废物的安全处置及治理修复能力。

（二）土壤污染治理与修复全过程监管

严格用地规划及审批。强化土壤污染修复前合理的土地规划用途管理，加大对土地利用总体规划、土地利用年度计划、征地程序、安置补偿、产业政策、节约集约和耕地占补平衡等情况的审查力度，确保建设用地审查审批依法、合规。将建设用地土壤环境管理要求纳入城市规划和供地管理，土地开发利用必须符合土壤环境质量要求。编制土地利用总体规划、城市总体规划、控制性详细规划等相关规划时，应充分考虑污染地块的环境风险，合理确定土地用途，严格用地审批。

构建环境监管标准规范体系。加强环境监管执法能力建设，实现环境监管网格化管理，优化配置监管力量，推动环境监管服务向农村地区延伸。完善环境监管执法人员选拔、培训、考核等制度，充实一线执法队伍，保障执法装备，加强现场执法取证能力，加强环境监管执法队伍职业化建设。

建立健全档案备案制度。依据《污染地块土壤环境管理办法（试行）》，做好疑似污染地块排查活动，建立疑似污染地块名单，完成污染地块土壤环境初步调查，建立污染地块名录，确定污染地块的风险等级，实行动态更新。开展污染地块土壤环境详细调查、风险评估、风险管控、治理修复及其效果评估等工作。

严防土壤修复二次污染。准确把握场地特性，秉持绿色可持续修复理念，选择最佳修复技术和方案。推广原位土壤污染修复治理技术的发展与实际应用，切实加强土壤污染治理修复过程中产生的“三废”管理，防止污染土壤挖掘、堆存等造成二次污染。制定修复过程建设运行维护等相关标准，制定针对二次污染的相关技术标准。确需转运污染土壤的，有关责任单位应提前将运输时间、方式、线路以及污染土壤的数量、去向、最终处置措施等向环保部门报告。修复后的土壤，可以综合利用的，要符合相关标准要求。

（三）修复后安全再利用与跟踪监测

按照绿色发展要求，根据再开发利用土壤环境承载力和区域特点，加强修复后土地的征收、收回、收购以及转让、改变用途等环节的监管。经风险评估对人体健康有严重影响的被污染场地，未经治理修复或治理修复后不符合相关标准的，不得用于居民住宅、学校、幼儿园、医院、养老场所等项目的开发。再开发用地在开展环境影响评价时，增加对土壤环境影响评价内容，提出防范土壤污染的具体措施。暂不开发利用或现阶段不具备治理修复条件的污染地块，设立标志，发布公告，开展土壤、地表水、地下水、空气环境监测。

依据国家土壤污染治理与修复成效评估办法，实行第三方机构对治理修复效果进行评估，定期调度环境质量改善、重点污染物排放、重大工程项目进展情况，依据有关规定将评估结果向社会公开。落实土壤污染治理修复终身责任制，加强对污染地块风险管控、治理修复工程实施情况的日常监管，发现问题依法查处。发挥“跟踪监测”在土地修复后再开发利用中的动态管控作用，包括对规划审批机关、建设项目业主以及环保咨询机构的跟踪监测，明确不同监测对象各自的责任，保障土地再开发利用的顺利进行。加强土壤环境监测能力建设，配备相应的土壤快速检测等监测、执法设备，添置土壤环境监测分析仪器设备。建立健全监测人员培训制度，每年派技术人员参加土壤环境监测培训，环保、农业各自负责本系统土壤监测人员培训的组织工作。将土壤污染防治作为环境执法的重要内容，充分利用环境监管网络，加强土壤环境日常监管执法。开展重点行业企业专项环境执法，严厉打击非法排放有毒有害污染物、违法违规存放危险化学品、非法处置危险废物、不正常使用污染治理设施、监测数据弄虚作假等违法行为。将土壤环境保护内容纳入突发环境事件应急预案，强化环境应急救援能力建设，加强土壤环境应急专家队伍管理，提高突发环境事件快速响应及应急处置能力。

第七章 我国土壤污染立法及治理责任制度

第一节 我国土壤污染立法及治理实践

1976 年 12 月，美国国会通过了《固体废物处置法》，该法又称为《资源保护与回收法》(*Resource Conservation and Recovery Act*)，这是美国第一部关于有毒废物的重要法规，然而，该法并不是专门治理土壤污染的法律，只是在很大程度上预防性地减少了对土壤的污染和破坏。20 世纪 70 年代，美国先后爆发了“拉夫河污染”事件、伊丽莎白危险化学品场地火灾事件、时代沙滩事件等特别严重的污染事件，直接推动 1980 年美国国会通过了《综合环境响应、赔偿与责任法》，也称“超级基金法案”。“超级基金法案”是美国联邦规范污染场地治理的法律，不仅建构了美国污染场地的管理和法律框架，也成为许多国家土壤污染立法的直接参考，直接影响了日本、加拿大等国家土壤污染防治法的样貌。1986 年，美国《超级基金修正案与重新授权法案》(*Superfund Amendments and Reauthorization Act*，SARA)通过，对基金进行了重新授权，扩充了基金规模，更加关注土壤污染导致的人身健康问题，确定了各州在场地修复中的更多参与。1997 年，美国国会通过了《综合环境响应、赔偿和责任法》的配套法律《纳税人减税法》；2001 年又制定了《小规模企业责任减轻和棕色地块振兴法》，即“棕色地块法”，这部法律对“超级基金法案”进行了修改，确定了小企业责任豁免、自愿修复未来责任免除、外来场地污染和尽职调查四种责任减免的规则，给棕色地块的振兴提供经济援助，促进了棕色地块的再利用。经过几十年的立法和实践检验，现在美国已经形成了一整套比较完备的土壤污染防治法律体系。

我们有必要梳理我国土壤污染防治相关立法和实践的发展，以期对相关责任制度构建形成更全面的认识。依据相关立法的发展和实践的推进，本书把我国土壤污染治理责任制度相应地划分为三个阶段，即早期阶段、统一行动阶段与全国性立法阶段，以下分述之。

一、我国土壤污染治理责任的早期立法及实践

本部分将着眼于对2016年《土壤污染防治行动计划》之前我国土壤污染治理责任的相关立法与实践的梳理，以期探知影响我国土壤污染治理责任样态的各因素。

（一）早期立法的梳理

1. 有关污染场地治理责任制度的全国性法律规范

《中华人民共和国宪法》（以下简称《宪法》）第10条规定：“一切使用土地的组织和个人必须合理地利用土地。”由此，污染土壤的生态、经济、社会功能降低甚至丧失，是对土地的不合理利用，应当受到相应法律的规制。《中华人民共和国土地复垦条例》第2条规定，土地复垦“是指对生产建设活动和自然灾害损毁的土地，采取整治措施，使其达到可供利用状态的活动”。第3条则规定：“生产建设活动损毁的土地，按照‘谁损毁，谁复垦’的原则，由生产建设单位或者个人（以下称土地复垦义务人）负责复垦。但是，由于历史原因无法确定土地复垦义务人的

生产建设活动损毁的土地（以下称历史遗留损毁土地），由县级以上人民政府负责组织复垦。”受污染的土地也应当属于生产建设活动毁损的土地。《中华人民共和国侵权责任法》“环境污染责任”一章则规定了污染者负担原则的责任构成。

此外，当时的一些法律、法规为污染场地的治理提供了间接的依据。例如，《中华人民共和国土地管理法》《中华人民共和国城市房地产管理法》对土地的合理利用做了具体的规定，即便没有直接涉及土壤污染问题，但其中有关土地保护的规定为场地污染的预防和治理提供了依据。《中华人民共和国固体废物污染环境防治法》《中华人民共和国水污染防治法》《危险化学品安全管理条例》《农药管理条例》则从源控制的角度规范了可能造成场地污染的物质的生产、使用和污染物的排放。

当时的一些法律也规定了企业破产和变更的债权债务的承担问题，如《中华人民共和国民法通则》(以下简称《民法通则》)第 44 条规定:“企业法人分立、合并，它的权利义务由变更后的法人享有和承担。”《中华人民共和国公司法》(以下简称《公司法》) 第 175 条、177 条规定，公司合并或分立的，债权、债务分别由合并、分立后的公司承继。

2. 有关污染场地治理责任制度的全国性规范性文件

1999 年，国家环境保护总局《关于企业改制后环境污染防治责任有关问题的复函》指出，企业因改制或合并、分立而发生变更的，原企业所承担的环境污染防治责任，依法应由变更后的企业承担。这就确立了企业承继者可能的场地污染治理责任。2004 年 6 月，国家环境保护总局发布了《关于切实做好企业搬迁过程中环境污染防治工作的通知》，其中规定: 企业结束经营改变土地利用性质时，需要经相关部门的监测，对土壤环境状况进行调查；对于污染物造成的环境污染问题，由原生产经营单位负责治理并恢复土壤的使用功能。但该通知并没有提及污染者已经无法寻找或已消失时的责任分配问题。2006 年《农产品产地安全管理办法》已规定，农产品产地有毒有害物质不符合产地安全标准，导致农产品中有毒有害物质不符合农产品质量安全标准的，应当划定为农产品禁止生产区。该办法还规定了农产品场地保护的若干举措。2008年，环境保护部发布了《关于加强土壤污染防治工作的意见》，对土壤污染的防治做了宏观的规定和安排。2011年，获原则通过的《污染场地土壤环境管理暂行办法》则具体规定了造成场地土壤污染的责任人或污染场地土地使用权人应承担治理责任。

此外，一些全国性的政策文件开始提及污染场地问题。2005年，《国务院关于落实科学发展观加强环境保护的决定》要求对污染企业搬迁后的原址进行土壤风险评估和修复。2009年《国务院办公厅转发环境保护部等部门关于加强重金属污染防治工作指导意见的通知》要求涉重金属污染企业妥善解决历史遗留重金属污染问题。2011年，《国家环境保护"十二五"规划》将重点地区污染场地和土壤修复作为四大突出的环境问题之一，特别强调了要以大城市周边、重污染工矿企业、集中治污设施周边、废弃物堆存场地等作为重点，并提出对责任主体灭失等历史遗留场地土壤污染要加大治理修复的投入力度。此外，当时正在制定中的《全国土壤环境保护"十二五"规划》指出，针对历史遗留污染土地，中央财政将给予30%~45%的财政补助。根据2012年《国家发展改革委办公厅关于组织申报历史遗留重金属污染治理2012年中央预算内投资备选项目的通知》，对于污染隐患严重且责任主体灭失的重金属废渣治理、受重金属污染土壤修复等工程项目（历史遗留重金属污染治理项目），原责任主体属于地方企业的项目给予最高不超过总投资30%的补助，原责任主体属于中央下放地方企业的项目给予最高不超过总投资45%的补助。

3. 有关污染场地及其治理责任制度的地方性法律规范

一些地方对污染场地问题关注较早并做了有益的立法尝试，我们以北京市和重庆市为例分析地方层级的相关立法和政策性文件。

自2004年北京宋家庄地铁施工场地中毒事件起，污染场地治理问题引起了北京市的关注。在2007年1月和7月，该市相继颁布了《场地环境评价导则》和《关于开展工业企业搬迁后原址土壤环境评价有关问题的通知》。其中，导则主要针对污染场地（特别是工业污染企业搬迁的场地）进行土壤和地下水污染的调查与评价设定了技术性规范，规定了污染识别—污染确认—风险评估和治理措施的场地环境评价程序。通知则重申了工业企业搬迁后进行原址土壤环境影响评价并交由北京市环境保护局审查的要求。但这两个规定多是技术上的，对于责任的规定比较模糊。

《重庆市环境保护条例》（2007年）第47条规定，生产单位在转产或搬迁前，应对污染土地进行治理。第104条规定，未按规定治理被污染土壤的，由环境保护行政主管部门责令改正，并处以10万元以下罚款。此外，重庆市先后发布了《重庆市人民政府关于加快实施主城区环境污染安全隐患重点企业搬迁工作的意见》（2004年）和《重庆市人民政府办公厅关于加强我市工业企业原址污染场地治理修复工作的通知》（2008年）。其中，后者专门规定了污染场地的责任分配问题，在以“谁污染，谁治理”为原则的基础上提出：工业企业原址土地转让合同中未约定治理修复责任的，按照“谁主管，谁负责”和属地管理的原则，由企业所在地区县（自治县）人民政府和企业主管部门共同负责，召集企业与土地受让单位进行协商，落实治理修复责任。根据治理修复的责任主体，治理修复费用相应列入企业搬迁成本、企业改制成本或土地整治成本。重庆市发布了《重庆市环境保护局关于切实做好企业搬迁后原址土地开发中防治土壤污染工作的通知》（渝环函〔2005〕249号）、《重庆市环境保护局关于加强关停破产搬迁企业遗留工业固体废弃物环境保护管理工作的通知》（渝环发〔2006〕59号）等文件则重申了“谁污染，谁治理”的基本原则。

《浙江省固体废物污染环境防治条例》第 17 条则将责任者规定为污染者，并规定由政府承担补充责任。此外，湖北省、广东省、上海市等地方都积极制定土壤环境保护的地方性立法。

（二）污染场地治理的早期实践及问题

该阶段，我国土壤污染的问题已经浮现，土壤污染治理和责任分配的实践出现，但污染场地的数量和规模已不容乐观。以北京市为例，自 1985 年起，北京市就开始了零散的城内企业搬迁工作。1995 年出台《北京市实施污染扰民企业搬迁办法》后，北京开始有计划地开展工业企业搬迁，其后的申奥成功则实质性地推动了搬迁工作的开展。上海市在 1991~1995 年就将大约 750 家污染工厂或车间从市中心搬迁到了农村地区的大约 20 个工业带。在搬迁的污染企业中，每 100 个地块就有二三十个可能存在不同程度的土壤和地下水污染。北京、上海、广州、重庆、杭州等城市已经开展了污染场地的治理，并采用了不同的治理责任分配方式。

1. 土壤污染治理的早期典型案例

案例一：北京红狮涂料厂污染场地修复案。

北京市红狮涂料厂位于北京市丰台区宋家庄，工厂搬迁后进入土地储备中心。该地块总建筑规划面积 184 000 m^2，规划用于容纳 1 800 套住宅的两限房小区，而其中有超过 32 000 m^2 商业用地居住用途房屋不受“中低价位、中小套型”的限制，而是由开发商建设商住楼和底商等。该场地在 20 世纪 50 年代建有杀虫剂厂，20 世纪 80 年代转为涂料厂。评价结果表明，该场地主要的污染物为“六六六”和“滴滴涕”，污染土壤总计 140 000 m^3。土地拍卖时，招标文件注明了土壤污染的状况，并要求中标人必须根据北京市环保局制定的土壤处置方案，制定相关修复方案并实施。共有 14 家房地产开发企业参加竞标，最后由万科集团以 5.9 亿元中标。2007 年，万科拍得该地块后，委托北京建工环境修复有限责任公司开展修复工作，转移污染土壤并在异地采用水泥窑焚烧固化处理技术，耗时半年，总花费约 1 亿多元。

案例二：广州市氮肥厂污染场地修复案。

广州氮肥厂（以下简称“广氮”）建于 20 世纪 50 年代末，1962 年正式投产，2000 年停产关闭。原厂区地块纳入政府土地储备，重新开发利用。广州市两度启动对广氮地块土地污染状况的调查。根据调查结果，广氮地块的土壤污染类型主要为有机污染，包括总石油烃、多环芳烃和重金属，合计污染面积 11 290 m^2，污染土方量 5 963 m^3。2009 年 10 月，该地块一部分被中国石化集团洛阳石油化工工程公司拍得。随后，另一部分则用于拆迁安置房和保障房的建设，占地面积为 50 000 m^2。由于广州氮肥厂已经破产，该地块的修复由广州市土地开发中心出资，经过广州市环保局环评审批，采用转移污染土壤并在异地采用水泥窑焚烧固化处理。

案例三：杭州市西湖文化广场污染场地修复案。

杭州西湖文化广场施工地原是 20 世纪 50 年代一家炼油厂。企业炼油工艺中产生的酸性腐蚀性油渣一部分埋在了厂内。2000 年，企业搬迁，上地也进行了出让。2002 年 8 月，这块土地被用来建设广场，施工中挖出了 3.6 万吨酸性废油渣和受污染土壤。经杭州市政府协调决定，将这些有害固体废物运到有处置资质的大地环保有限公司进行集中预处置。最终，治理资金由炼油厂、建设单位、市财政各自承担一部分。

2. 对早期典型治理模式的评析

即便当时缺乏全国性的立法，各地仍做了有益的尝试。在红狮涂料厂污染场地修复案中，北京市土地出让中心将土地污染状况告知竞标者，并由中标的开发商依照拟定好的方案实施修复，经过北京市环境保护局验收和环境影响评价审批后开工建设。在广州市氮肥厂污染场地修复案中，政府先将该地块纳入土地储备，一部分土地未经修复出让给石化企业，另一部分则用于房地产开发项目。由于原广氮集团已破产，修复成本由广州市土地开发中心承诺全额承担。西湖文化广场污染场地修复案中，责任则在污染者、地方人民政府和房地产开发商间分配。有学者将案例一的做法称为“开发者负担”模式。这一观点值得商榷。从表面上看，北京模式由开发者作为污染场地治理的责任方，但实际上是由北京市政府承担责任，开发商具体实施。北京模式无疑有其自身的优点。它能以较高的效率完成土地修复并由私人资金支付成本。但其不足也是明显的。首先，它需要以土地市场的繁荣和高地价为前提，否则场地修复成本高于或大大压缩土地开发带来的利益，将不会有开发商竞价并抬高土地价格。其次，北京模式只适用于土地交易的特定环节，即政府将通过收回、收购或征收的方式将土地纳入储备，或已经纳入储备的土地即将出让的，也就是一级市场的土地开发和出让环节。最为重要的是，北京模式从根本上违背了污染者负担的根本原则。在这些案例中，不仅可以明确污染者，而且污染者仍然存续，但北京模式并没有让污染者承担治理责任，而且事后也没有追究其责任。这实质上是“企业污染、政府买单”的做法。

案例二的责任分配表面上为“土地开发中心负担”模式，实际上则为“地方政府负担”的模式。场地污染调查评估和治理的所有费用都由土地开发中心承担。但广州市政府作为该地块几乎所有土地出让收益的收取者是最终的责任承担方，只是具体由广州市土地开发中心出资并委托有资质的机构治理。之所以采用这种模式大概是基于以下理由：①作为污染者的广氮集团已经破产，没有任何法律上的承继者。②土地开发中心作为土地的储备、出让机构和土地出让金的收取者，有责任出让清洁的土地。③广氮地块出让是用于廉租房和经济适用房项目建设，虽然开发商看中的是地块中部分商业项目开发的收益，但政府往往给予地价等全方位的支持，因而独自承担相应的治理责任。

案例三则采用“污染者、地方政府、土地开发者共同承担责任”的模式。在作为污染者的炼油厂依然存在的情况下，按照协商的方式，由污染者和受益者共同负担。这种做法的好处在于遵循了以下原则：被污染土壤的清理和处置费用由造成污染的单位和个人承担；无明确责任人或者责任人丧失责任能力的，由县级以上人民政府承担，污染者承担不足的部分，则由受益者承担。地方政府和土地开发者作为土地出让金的收益方和土地开发后极差利益的收取者，应当承担部分责任。

3. 早期污染场地治理责任制的问题及原因

在上述案例中，治理责任分配模式各不相同。其原因在于污染场地治理责任制度规范的缺失和目标定位的模糊。污染场地治理责任主体、责任范围和方式的确定尚属于“个案式”“含混式”和“协商式”解决阶段，而且存在以下两个问题。

（1）对污染者负担原则的漠视和地方政府的过分依赖。

在已有的责任模式中，追究污染企业，特别是前污染企业责任的极为少见。实际上，即便企业在生产经营活动中，危险物质的堆放、排放、填埋等活动在当时的历史条件下没有被明确禁止，企业仍应基于将污染成本交由社会承担而获得了额外的收益承担责任，否则，法律的威慑和指导作用无从体现。另外，地方政府往往成为最大或唯一的买单者。《全国土壤环境保护“十二五”规划》亦提出，要形成以政府为主导，以多级财政拨款为主要形式的治理。以政府为主导的治理可以较快地修复污染的场地，并且可以把场地污染的治理控制在土地出让环节之前，防止进入二级市场后引起更大的纠纷。但其不足也是明显的，因为它实际上是将巨大的污染成本转嫁给整个社会。这只能是在缺乏明确的责任制度前提下的过渡措施，伴随着污染场地的增多，政府不愿意也没有能力承担全部的治理责任。

（2）房地产开发和房地产市场对责任分配过大的影响力。

通过以上案例，我们不难看出，房地产开发极大地影响了污染场地的责任分配模式乃至责任大小。①能否修复取决于污染场地的区位和开发的潜在收益。在热门地块中，潜在的开发者即便知晓地块的污染，但考虑到其巨大的升值和收益，仍会选择治理该地块，并不惧承担未来可能的法律风险。但非热门区域、潜在收益不高的污染场地则可能出现无人竞拍的情况。②谁来修复与污染场地房地产开发的类型息息相关。这也就是为什么案例一的场地由开发者实施修复，而案例二的场地由政府实施修复。③用于房地产开发的污染场地的修复往往呈现出周期短、花费低、以异位修复为主、边建设边修复、缺乏有效监督等问题。修复的成效不高，而且往往造成新的污染。污染场地治理与房地产开发之间过紧的联系将导致治理风险性和低效性，房地产市场的低迷和房地产开发热潮的冷却将直接影响污染场地的治理。

值得注意的是，在该阶段，有关土壤污染治理责任的法律规定主要限于责任主体的界定。由于缺乏统一的责任制度框架，率先规定责任主体意在解决现实中土壤污染治理修复成本分担这一首要难题。

总体来说，我国当时的立法基本上未关注污染场地的治理和责任制度，相关的规定散见于部分立法中，呈现出“有强制力的法律法规未关注或不具有操作性，关注的或具有可操作性的规范不具有强制力”的特点。此外，已有的规范较为混乱。比如，已有的规定确认了污染者负担原则，但对于土地发生了使用权的变更时（无论这种变更已经发生，还是经由政府的加入正在发生）责任者的确定，却较为混乱。此外，对于中央政府是否应当作为责任主体，以及中央政府和各级地方政府之间责任的分配尚没有清楚的规定。

但不可否认的是，该阶段的立法提供了一些土壤污染治理的基本原则、依据和思路。比如，变更企业因场地污染而发生的债务的承继问题、污染者负担原则、无过错责任原则等已被当时的企业破产法、环境保护法、侵权责任法等重要法律明确规定。

二、全国性统一行动及地区性的率先立法与实践

（一）相关立法的梳理

1. 全国性的行动计划与规章

随着土壤污染的日趋严重与我国立法技术的不断成熟，2016 年国务院印发《土壤污染防治行动计划》，明确了我国加强土壤污染防治、逐步改善土壤环境质量的目标。《土壤污染防治行动计划》为了达到其制定的“到 2020 年，受污染耕地安全利用率达到 90% 左右，污染地块安全利用率达到 90% 以上。到 2030 年，受污染耕地安全利用率达到 95% 以上，污染地块安全利用率达到 95% 以上”的指标，又提出了十个方面的任务，故又被称为“土十条”。“土十条”不仅在总体上加快了国家土壤环境质量的监测、治理、监管体系的构建，也推进了国家与地方土壤污染防治立法，建立健全了法律法规体系。其中，第 7 条明确了治理与修复责任的主体：按照“谁污染，谁治理”原则，造成土壤污染的单位或个人要承担治理与修复的主体责任。责任主体发生变更的，由变更后继承其债权、债务的单位或个人承担相关责任；土地使用权依法转让的，由土地使用权受让人或双方约定的责任人承担相关责任。责任主体灭失或责任主体不明确的，由所在地县级人民政府依法承担相关责任。2016 年，环境保护部颁布的《污染地块土壤环境管理办法（试行）》也再次强调了这一原则，同时，该办法对污染地块的监管、保护、修复的具体方法与措施做了规定。随后，《农用地土壤环境管理办法（试行）》和《工矿用地土壤环境管理办法（试行）》相继生效，规范了农用地和

工矿用地土壤和地下水污染的防治。2017 年，中共中央办公厅、国务院印发《生态环境损害赔偿制度改革方案》，将生态环境赔偿制度从个别试点向全国推广，同时这一方案也将赔偿权利人由原来试点中的省级政府扩大至市地级政府，这实质性地影响了土壤污染治理责任的追究方式。

2. 先行的地方性法规

在国家的“土十条”颁布之前，一些地方根据自身情况，进行了一些颇具前瞻性的立法尝试。

2015 年 9 月，福建省通过了《福建省土壤污染防治办法》，明确了“土壤污染防治遵循预防为主、保护优先、综合治理、公众参与、污染担责”的原则，同时加入了对保护、改善土壤环境的单位及个人给予表彰和奖励的条款，鼓励单位及个人对土壤进行防治。该办法第 33 条明确地将控制污染的责任与控制污染产生的费用二者分离，规定它们分别由污染地块的实际使用人与造成污染的单位与个人承担。另外，该办法第 33 条还明确，政府在先行控制土壤污染的扩大和修复被污染土壤后，可以向污染责任人进行追偿。

2016 年 2 月，湖北省人大于《福建省土壤污染防治办法》正式生效的当日通过了《湖北省土壤污染防治条例》，这也是国内第一部专门关于土壤污染防治的地方性法规。该条例第 4 条明确提出：“县级以上人民政府应当统筹财政资金投入、土地出让收益、排污费等，建立土壤污染防治专项资金，完善财政资金和社会资金相结合的多元化资金投入与保障机制。”相较于早期以财政拨款为主的做法，这一规定取得了一定的进步。同时，该条例规定，县级以上人民政府及有关部门应当对在土壤污染防治工作中做出显著成绩的单位和个人，给予表彰和奖励。在第 32 条中，该条例再次明确了“谁污染，谁治理”的原则。

在“土十条”颁布后，北京、上海、浙江、贵州等地在 2016 年年底出台了该省（市）的土壤污染防治工作方案。随后，在 2017 年，天津、湖南等地也相继公布了相关工作计划，有关土壤污染的全国性行动得以不断扩展。

（二）典型污染场地治理实践

在这一时期，随着土壤污染问题的日趋严重与信息网络的高速发展，土壤污染与修复问题愈获关注，国家和地方都在积极探索土壤修复责任分配的新模式，以求打破以前“企业污染，群众受苦，国家买单”的土壤污染治理基本模式。

1. 常州储卫清案

2012 年 9 月 1 日至 2013 年 12 月 11 日，储卫清在博世尔物资再生利用有限公司的场地上，从事“含油滤渣”的处置经营。其间无锡翔悦石油制品有限公司、常州精炼石化有限公司（明知储卫清不具备处置危险废物的资质）仍向其提供油泥、滤渣，使其提炼废润滑油并销售牟利，造成博世尔公司场地及周边地区土壤受到严重污染。2014 年 7 月 18 日，常州市环境公益协会提起诉讼，请求判令储卫清、博世尔公司、金科公司（给储卫清提供了本公司的危险废物经营许可证）、翔悦公司、精炼公司共同承担土壤污染损失的赔偿责任。常州市中级人民法院在经过审理后认为：五被告之行为相互结合导致损害结果的发生，构成共同侵权，应当共同承担侵权责任，遂判令五被告向江苏省常州市生态环境法律保护公益金专用账户支付环境修复赔偿金 283 万余元。一审判决送达后，各方当事人均未上诉。判决生效后，一审法院组织检察机关、环境保护行政主管部门、鉴定机构以及案件当事人共同商定第三方托管方案，由第三方具体实施污染造成的生态环境治理和修复。

2. 常州外国语学校土壤污染案

2016 年，常州市外国语学校数百名学生体检查出皮炎、湿疹、支气管炎、血液指标异常、由细胞减少等症状。经查，学校附近正在开展修复的污染地块“常隆地块”是导致学生健康问题的原因。2016 年 4 月 29 日，北京市朝阳区环保组织自然之友和中国生物多样性保护与绿色发展基金会对造成污染的江苏常隆化工有限公司、常州市常宇化工有限公司、江苏华达化工集团有限公司提起公益诉讼，要求三家公司承担土壤和地下水污染的环境修复费用 3.7 亿元，向公众赔礼道歉，并承担原告因本诉讼支出的相关费用。常州市中级人民法院一审判决认为，案涉地块的环境污染修复工作已由常州市新北区政府组织开展，环境污染风险得到了有效控制，两原告的诉讼目的已在逐步实现，遂判决两原告败诉，共同承担 189.18 万元的案件受理费。二审最终认为三家公司应该承担环境污染侵权责任并赔礼道歉，但在地方政府已经对案涉地块进行风险管控和修复的情况下，三家公司不应当承担污染风险管控和修复责任。

3. 湘潭市岳塘区竹埠港老工业区案

湘潭市岳塘区竹埠港老工业区面积仅 1.74 km²，但由于长期的化工生产，沿湘江东岸狭长分布的湘潭竹埠港老工业区内企业排出的废水、废气、废渣含镉、猛、铜、铅等重金属，对湘江、土壤和地下水造成了严重污染。岳塘区政府选择与永清集团合作，组建合资公司，尝试建立风险共担、利益共享的机制。双方成立的合资公司，成为竹埠港重金属污染综合整治项目的投资和实施平台。2014 年 1 月，由岳塘区政府和湘潭城乡建设发展集团合资成立的湘潭发展投资有限公司，与永清环保大股东湖南永清集团共同出资 1 亿元组建湘潭竹埠港生态环境治理投资有限公司，探索通过政企合作，对竹埠港重金属污染开展综合整治。公司立足竹埠港 1.74 km² 区域，以重金属污染综合治理整治项目的投资、管理和服务为重点，实施区域内关停企业厂房拆除、遗留污染处理、污染场地修复整理、基础设施建设等工作。污染治理完成后，这片始建于

20世纪60年代的工业区将整体开发为生态新城，参与各方将从治理土地增值收益中获得回报。

（三）典型案例责任分配的问题与原因评析

案例一和案例二同样是公益诉讼，同样发生在常州市，同样是要求污染企业承担污染风险管控和修复责任，判决结果却相去甚远。造成这个差异的原因值得思考。案例二与案例一最大的不同在于，案例二中地方政府（即常州市新北区政府）已经对案涉地块进行风险管控和修复，而案例一中对于案涉地块的修复尚未开始。同时，案例二中江苏省高院也认为江苏常隆化工有限公司、常州市常宇化工有限公司、江苏华达化工集团有限公司应当承担环境污染侵权责任；不过，因为新北区政府已经有效组织实施案涉地块污染风险管控、修复，所以没有判令三被上诉人组织实施风险管控、修复的必要性，至于修复所支出的费用应该由新北区政府依法向这三家公司追偿，不在公益诉讼的范围之内。这两个案例同样使用了“谁污染，谁治理”的原则，可见，随着全国以及各地政策、法规的发布，这一原则已经深入人心，而且比起早期单纯由政府指定污染者，更具操作性与可行性。然而，我们也看到，2008年发布的《关于加强土壤污染防治工作的意见》指出，土地使用权受让人负责修复和治理土地。这导致很多“毒地”在企业搬离被国家收储后，由国家或地方财政支持“毒地”修复的费用，极大地增加了地方财政的负担。根据江苏省高院在判决中所述，地方政府可以依法向污染企业追偿，然而事实上，地方政府在这三家企业仍在正常运营的情况下，并没有选择去追偿修复的费用。这也从一个侧面说明，在治理并修复土壤污染的过程中，地方政府本身并没有完全摆脱“企业污染，政府买单”的思路。

案例三中的“岳塘模式”实际上是以“土壤修复＋土地流转”为核心的PPP（Public-Private Partnership，即政府和社会资本合作）模式。

在污染企业破产、关停导致责任主体缺失的情况下，这不失为充实治理资金的好方法。但究其根本，这其实也是“地方政府负担”的变形。首先，化工厂关停，导致对大多数的土壤污染主体无法继续追责；其次，企业关停后土地的受让者为政府，而受让者需要对污染的土地承担治理与修复的责任；最后，作为土壤修复重点工程，湘潭竹埠港在获得足够资金扶持后，无须从企业再行追偿修复费用。

这段时期，随着重大土壤污染问题一次次敲响警钟，全国各地都在积极寻求土壤污染治理与修复的方案。在行政力量主导的土壤治理责任分配中，随着环保政策文件的推进，大量城市中的化工区、化工厂被关停、整顿，政府巨额资金投入土壤治理的项目中，各地土壤修复重点工程纷纷开展，各地政府为了追求土壤修复的高效，在资金充足的情况下，污染者负担的原则屡屡被忽视。另外，不可否认的是，由于全国性的土壤污染防治立法缺失，并且由于2016年环境保护部发布的《污染地块土壤环境管理办法（试行）》对于土地治理责任范围、承担方式的规定不清，各地行政机关无法对于治理责任主体做出快速、统一、有效的判断，进而加剧了土地治理对于地方政府的财政支持的依赖。

在司法力量主导的土壤治理责任分配中，公益诉讼设置目的的模糊也初现端倪。在涉土壤污染的公益诉讼中，究竟是仅仅保障污染的地块被修复治理，抑或是使得土壤修复的责任务必由污染者承担？更进一步地，修复的责任如何承担，政府的追偿权如何实现，公益组织是否能作为第三方要求污染企业向政府缴纳政府已经修复土壤的费用，司法机构在委托第三方修复土壤后，如何评估修复目标是否达成，如此种种问题，不一而足。

由于全国性的土壤污染防治立法的缺失，在行政与司法方面，各个地方对于土壤治理责任的分配问题分歧尚存，导致污染者负担原则未能完全贯彻。但不可否认的是，在立法的层面上，无过错原则、污染者负担等原则被全国以及各地的土壤治理法律、法规、政策文件悉数纳入。同时，公益诉讼的开展也使得土壤治理责任分配更具操作性，一定程度上调动了公益组织与社会公众参与的积极性，使得我国土壤治理责任制度的内涵日渐丰富。

三、土壤污染防治法及配套立法的逐步健全

（一）全国性土壤污染专门法律的制定

2018 年 8 月 31 日，十三届全国人大常委会第五次会议全票通过了《中华人民共和国土壤污染防治法》（以下简称《土壤污染防治法》），自 2019 年 1 月 1 日起施行。《土壤污染防治法》是我国第一部关于土壤污染防治的全国性专门法律。该法共分七章。第一章为总则，规定了该法的立法目的、基本原则与精神。第二章为规划、标准、普查和监测，规定了各级政府及主管部门对土壤污染防治相应的规划、管控标准、监测制度的制定与需要进行重点监测的地块类型。第三章为预防与保护，规定了土地使用权人、各级政府及相关部门涉及土壤污染预防与土地保护的鼓励与禁止行为。第四章为风险管控与修复，规定了土壤污染风险管控和修复的一般规定，以及农用地与建设用地土壤污染风险管控和修复的管理制度、状况调查与管控措施，即土壤修复的具体实施。第五章为保障和监督，规定了国家及各级政府、相关部门为有利于土壤污染防治的目的，应采取相关措施并提供资金和政策支持。第六章为法律责任，规定了各级政府及有关部门未依法履职、土壤污染责任人或其他行为人违反该法规定行为所应负的法律责任。第七章附则规定了该法之生效时间。

（二）土壤污染防治责任概况

《土壤污染防治法》总则规定，该法的立法目的为“保护和改善生态环境，防治土壤污染，保障公众健康，推动土壤资源永续利用，推进生态文明建设，促进经济社会可持续发展”。同时，该法明确了“土壤污染防治应当坚持预防为主、保护优先、分类管理、风险管控、污染担责、公众参与的原则。”

《土壤污染防治法》在理念上坚持预防为主、保护优先，在阻断源头污染上发力以减少污染产生；设置农用地分类管理制度、建设用地土壤污染风险管控和修复名录制度；建立土壤污染重点监管单位名录，对土壤污染重点单位进行管控，规定其应当制定、实施自行监测方案，建立土壤污染隐患排查制度等；规定尾矿库运营、管理单位必须采取措施防止土壤污染，并按照规定进行土壤污染状况监测；规定农业投入品生产者、销售者、使用者应当及时回收农业投入品和农业废弃物，防治农业面源污染。《土壤污染防治法》在制度上明确了污染担责，建立和完善了土壤污染治理责任制度。其第 4 条明确了单位和个人保护土壤、防止土壤污染的一般性义务，并规定了土地使用权人应当防止、减少土壤污染，并对所造成的土壤污染依法承担责任。其第 45 条规定：土壤污染责任人负有实施土壤污染风险管控和修复的义务；土壤污染责任人无法认定的，土地使用权人应当实施土壤污染风险管控和修复；地方人民政府及其有关部门负有相应的监督管理责任，可以根据实际情况组织实施土壤污染风险管控和修复。该法明确了政府或土地使用者在确认污染者的前提下，可以向污染者追偿，从而确立了污染者使用者一政府治理责任的顺位。

《土壤污染防治法》第 46 条与第 47 条分别规定：“因实施或者组织实施土壤污染状况调查和土壤污染风险评估、风险管控、修复、风险管控效果评估、修复效果评估、后期管理等活动所支出的费用，由土壤污染责任人承担。”“土壤污染责任人变更的，由变更后承继其债权、债务的单位或者个人履行相关土壤污染风险管控和修复义务并承担相关费用。”第 48 条规定：“土壤污染责任人不明确或者存在争议的，农用地由地方人民政府农业农村、林业草原主管部门会同生态环境、自然资源主管部门认定，建设用地由地方人民政府生态环境主管部门会同自然资源主管部门认定。认定办法由国务院生态环境主管部门会同有关部门制定。”该法还对造成土壤污染的违法行为和违反土壤治理责任的行为规定了严格的法律责任：违法向农用地排污、未按照规定采取风险管控措施、实施修复等行为，情节严重的，对直接负责的主管人员和其他直接责任人员实施拘留；对被检查者拒不配合检查，或者在接受检查时弄虚作假，以及未按照规定采取风险管控措施、实施修复的行为实行“双罚制”，既对单位处以罚款，也处罚直接负责的主管人员和其他直接责任人员。

（三）土壤污染治理责任的细化

为落实土壤污染治理的责任制度，相关的规章也陆续颁布。与《土壤污染防治法》第 48 条相配套的《农用地土壤污染责任人认定办法（试行）》和《建设用地土壤污染责任人认定办法（试行）》的征求意见稿于 2019 年 9 月 17 日公开，并向公众征集意见。对污染责任人的认定，两部规章都规定了比较详细的流程，从启动到开展调查，到审查调查报告再到批复调查报告，具有较强的可操作性。另外，两部规章都鼓励多个当事人按照各自对土壤的污染程度划分责任份额，达成责任承担协议。无法协商达成一致且无法划分责任的，原则上平均分担责任。同时，农用地与建设用地的土地污染治理责任认定存在显著差异：①对于使用农药、化肥等农业投入品造成农用地土壤污染，不需要溯及既往至 1979 年 9 月 13 日，即 1979 年颁布的《中华人民共和国环境保护法（试行）》

生效日；②对农药、化肥等农业投入品造成农用地土壤污染的责任人认定，区分行为是否合法，不适用无过错原则；③不追究个体农户因使用农药、化肥等农业投人品造成农用地土壤污染的责任。

《土壤污染防治专项资金管理办法》规定，土壤污染防治专项资金由中央一般公共预算安排，专门用于开展土壤污染综合防治、土壤环境风险管控等方面，其出台是为了促进土壤生态环境质量改善的资金的管理和使用。《土壤污染防治基金管理办法》还明确，基金将用于农用地土壤污染防治以及土壤污染责任人或者土地使用权人无法认定时的土壤污染风险管控和修复。值得注意的是，基金仅用于土壤污染责任人或土地使用权人无法认定的时候，对于其他需要政府承担补充责任或连带责任的情况可能需要由专项资金中安排资金。

与此相配套，《土壤环境质量 建设用地土壤污染风险管控标准（试行）》（GB 36600—2018）、《土壤环境质量 农用地土壤污染风险管控标准（试行）》（GB 15618—2018）等环境质量标准与《建设用地土壤污染状况调查 技术导则》（HJ 25.1—2019）、《建设用地土壤污染风险管控和修复监测 技术导则》（HJ 25.2—2019）、《建设用地土壤污染风险评估 技术导则》（HJ 25.3—2019）、《建设用地土壤修复 技术导则》（HJ 25.4—2019）、《建设用地土壤污染风险管控和修复术语》（HJ 682—2019）、《建设用地土壤污染状况调查、风险评估、风险管控及修复效果评估报告评审指南》等多个技术标准和规范性操作流程相继发布，使得我国土壤治理责任的认定更具有可操作性与科学性。

第二节 建设用地土壤污染治理责任制度

一、建设用地土壤污染及责任概述

（一）建设用地土壤污染的概念

依照《中华人民共和国土地管理法》（以下简称《土地管理法》），建设用地是指“建造建筑物、构筑物的土地，包括城乡住宅和公共设施用地、工矿用地、交通水利设施用地、旅游用地、军事设施用地等”。建设用地土壤污染是指位于城市或农村的建设用地，受较严重污染或有污染的重大可能。一般而言，建设用地土壤污染多是点源污染排放造成的土壤污染问题；它以责任认定时场地是否属于建设用地类型判断；其场地一般包括工业企业的厂址等所在地、受污染的周边区域及可查明的场地外的污染物排放场地等；责任认定常因污染者脱离与被污染土地的产权关系而更加复杂化。

建设用地土壤污染经常伴有污染者与土地产权关系脱离的状况，需要特别强调的是：①虽然污染者与工厂周边受污染的土地不存在产权关系，但就责任认定和修复而言，周边污染土地附属于工厂区域，不应单独划定为污染场地。②虽然我国的土地使用权制度创立于20世纪80年代，但之前的土地之上存在着事实上的划拨土地使用权。对于这个问题，在过去也比较有争议。但随着1990年《中华人民共和国城镇国有土地使用权出让和转让暂行条例》的颁布，“划拨的土地使用权”得以确立。实际上，改革之前国有土地单一供给方式也应当被视为划拨的土地使用权，因为土地使用者已经事实上取得了对土地的占有。③污染者与土地产权关系的脱离主要源于污染者关闭、停业、变更或搬迁，或单纯的土地使用权主体变更。④污染者虽排放污染，但行为实施时并不违法或违规、土地使用权频繁更迭但缺失用地记录和土地污染历史数据、企业发生变更或消亡但难以确定债务的承继者等因素，使得真正的污染者或责任者难以确定或查找，责任认定也通常更为复杂。

（二）建设用地土壤污染的形成与表现

在表现形式上，建设用地土壤污染包括但不限于城市与农村范围内关闭、搬迁、转产的工业企业场地，已废弃或关闭的垃圾和固体废弃物填埋场，固体废弃物或危险废弃物堆放地，遗弃的矿业用地中存在污染或污染威胁的场地我国建设用地土壤污染的形成是经济和城市发展的历史产物，主要表现为工业企业遗留的土壤污染。正如世界银行一份报告指出的，我国城市污染场地的形成可追溯中华人民共和国成立前的更早时期。当时的国有企业中不乏高污染、高能耗的重工业，它们大多被布局在城市内部或周边。不断加速的城市扩张将原处于郊区的工业企业逐步纳入城市版图，而这些企业生产造成的污染问题也随之而来。为此，城市内污染问题的缓解、新的城市功能定位、“退二进三”的产业升级目标或“双转移”的发展思路推动了城市内部工业企业的关闭、破产、转产和搬迁。例如，1995 年，北京市颁布了《北京市实施污染扰民企业搬迁办法》，开始了有计划的大规模的工业企业搬迁。重庆市也在 2004 年制定了《重庆市人民政府关于加快实施主城区环境污染安全隐患重点企业搬迁工作的意见》，落实城区企业搬迁的问题。相应地，建设用地，特别是城市范围内的工业企业遗留场地的治理和修复问题日益突出。

（三）建设用地土壤污染责任的特殊性

起初，我国土壤污染及治理的焦点是建设用地土壤污染，特别是搬迁企业场地污染的管理。相关规范性文件，如2004年《关于切实做好企业搬迁过程中环境污染防治工作的通知》、2011年《污染场地土壤环境管理暂行办法》等也多集中于该议题。在《土壤污染防治法》第四章“风险管控和修复”的一般规定之后，建设用地与农用地污染的风险管控与修复被分列。这意味着，我国建立了建设用地与农用地土壤污染治理制度两大类型的制度，并设定了颇具差异的责任制度。这种分立并非对我国土地用途分类制度的单纯复制，而是基于建设用地和农用地土壤污染的不同特点和治理目标的合理制度构建。

2018年，《中共中央 国务院关于全面加强生态环境保护坚决打好污染防治攻坚战的意见》明确要求：“建立建设用地土壤污染风险管控和修复名录，列入名录且未完成治理修复的地块不得作为住宅、公共管理与公共服务用地。”这表明，建设用地土壤污染往往复合了频发的建设污染事故、工业企业污染活动、活跃的土地产权变更与开发、密集的污染受众等问题。因此，建设用地土壤污染与我国特殊的土地制度、企业性质及改制、房地产开发和财税制度等问题息息相关，亦成为我国土壤污染防治法律体系中的重点和难点。

二、责任制度构建中的主要冲突与目标

（一）建设用地土壤污染治理责任制度构建中的主要冲突

建设用地土壤污染并不是单纯的环境问题，其责任制度的构建涉及广泛的经济、社会和历史问题，并存在如下主要矛盾或利益冲突。

1.及时、充分的场地修复与社会公平目标间的冲突

若着眼于充分、及时地修复污染场地，宽泛的责任主体认定、多元的责任机制与财政保证就成为首要关切。相反地，社会公平的目标考量则需要不同的责任制度。①让污染者为历史上并不违法的污染排放行

为承担现在或未来的责任可能会面临有失公平的谴责。②即便承认责任制度的溯及既往并贯彻污染者负担原则，公平的责任分配要求责任由污染者承担，而不应苛责其他无关或关联不大的主体。美国“超级基金法案”的制定过程也面临了这两重目标间的选择与平衡。最终，其责任制度牵涉的责任主体颇众，《国家优先治理污染场地顺序名单》上污染场地的责任者可达上百人，引发了一系列低效、冗长、繁复的诉讼，使得交易成本过高。有研究表明，在美国，与“超级基金法案”有关的30%~60%资金都用于诉讼和与潜在责任者间的谈判。一直以来，该责任制度都面临着违背污染者负担原则、有失公平的批评。就我国建设用地土壤污染责任主体制度而言，准确的目标选择是污染场地治理和修复法律制度的前提。

2. 我国特有的土地制度引发的国家及政府不同角色间的冲突

最初，国有土地使用权多通过划拨和授权经营的方式取得，20世纪80年代起，逐渐转变为有偿、有期限、有流转的土地制度。然而，城市土地皆归国家所有，企业、个人等主体享有的只是从土地所有权中分离出的土地使用权。那么，国家和政府是否应对其所有和管理的土地中的污染承担责任？此外，为完善土地的使用与管理，我国还建立了土地储备制度。不论政府职能部门直接设立的土地储备机构抑或是政府出资设立的企业性质的土地储备机构，都通过收回、收购和征收等方式取得土地并进行前期开发，予以储备，以供应和调控城市各类建设用地。历史上产生的污染场地可能已经被政府或政府的委托机构收回、收购或征收，被政府或政府的委托机构持有，或经由政府或政府的委托机构再度划拨或出让，甚至已经进入二级市场经过数次流转。那么，在土地流转过程中，政府作为国有土地的征收者、持有者、整理者或出让者是否应当承担土壤污染的修复责任？

3. 企业改制与变更导致的责任分配冲突

如前所述，建设用地污染土壤以工业企业用地为主。中华人民共和国成立初期，高度集中的计划经济体制以全面的国有经济和重工业为主，最初的城市工业企业绝大多数都为国家所有。1978 年开始的企业制度改革持续至今，发生了国有资产产权关系的重大变革，国家与企业之间的关系也发生了重大的变革。国家或者各级政府是否应当作为所有者而对原国有企业造成的污染承担责任？同时，对经历改制或其他变更的企业而言，承继者是否应当承担遗留的污染场地带来的新环境法律责任？如果都应承担的话，如何分配责任？

4. 各土地使用权人之间责任认定与分配的冲突

我国确立的有偿、有期限、有流转的土地制度准许了土地使用权的变更，近 30 年孕育并蓬勃发展的房地产市场则加速了这一进程。自污染发生后，土壤污染所在的土地往往进行了数次流转，而许多地块未经治理就被用来进行房地产的开发建设，并由购房者购得。这推动了污染场地成为历史遗留问题的进程，并引发了历史上先后存在的数个土地使用者（包括房地产开发商、房屋所有者在内）之间责任认定与分配的问题。《土壤污染防治法》第 45 条规定："土壤污染责任人负有实施土壤污染风险管控和修复的义务。土壤污染责任人无法认定的，土地使用权人应当实施土壤风险管控和修复。"在本条规定中，条文并未明示应承担土壤风险管控和修复义务的土地使用权人是当前抑或是过去的权利人。2017 年 7 月起施行的《污染地块土壤环境管理办法》规定，造成场地土壤污染的责任人或污染场地土地使用权人，不论哪一手的土地使用权人，均应承担场地调查评估和风险管控修复的义务并负担有关费用，这凸显了上地使用权人之间责任认定与分配的潜在冲突。

（二）我国建设用地土壤污染治理责任制度的构建目标

尽管我国已经颁布了专门的土壤污染防治法，但相关的制度构建仍处于起步阶段。责任制度构建目标和目标间的优先序列选择将塑造责任制度的样态，责任制度又服务于污染场地治理和修复的立法，因而，清晰合理的目标定位将影响相关立法目的的实现和实施效果。美国“超级基金法案”的责任制度的目标主要定位如下：一方面，敦促危险废弃物的持有者尽最大可能的注意义务；另一方面，建立处理危险物质排放的快速反应机制和减轻或消除污染的资金机制，使与污染场地有关的主体支付相应的成本。在此目标框架下，美国的重心在于甄别尽可能多的责任者，汲取尽可能多的资金，使受污染的场地得到最大限度的清理或修复。然而，美国的后续立法、司法判例和行政命令却不断地对这一目标提出质疑。由此可见，准确的目标定位对建立健全建设用地土壤污染责任制度至关重要，并可减少立法的频繁修订和变动。

鉴于中国的具体情况，合理的责任机制涉及的问题要复杂得多。若要构建“符合我国国家与企业之间关系，符合工业生产规律，体现我国土地制度的特殊性和房地产开发的状况与特点；使得责任制度具备激励功能，能促使土地使用者、设施的所有者或使用者尽最大可能的注意义务，敦促政府挑选合适的土地利用者，并适当考虑到责任者的责任能力”的责任制度，需要设定以下五个目标。

1. 污染得到最大可能与最充分的治理

这是建设用地土壤污染治理责任制度的首要目标。土壤污染多无法自行消解，只能通过风险管控或修复才能减轻或清除。因此，建立处理危险物质排放的快速反应机制和减轻或消除污染的充足资金机制，使污染得到最大可能的治理是第一要务。然而，值得注意的是，土壤污染治理的核心原则并非考虑土壤中还有多少污染物，而是关注这些污染物的迁移和转化的路径与程度。这意味着，污染场地修复后的用途不同将影响污染场地的修复程度、成本大小与责任分配。所以，本目标所指的“最大可能与最充分的治理”是相对的，主要受修复后土地用途的约束。

2. 真正贯彻污染者负担原则

污染者负担原则是建设用地土壤污染治理责任制度的基准目标。这一目标有两层含义。①应当让污染者承担因生产或其他收益活动而产生的土壤污染的修复成本。②不应当让与污染无关或仅仅有着细小关联的主体承担责任。正如有批评者指出的，美国“超级基金法案”将当前的土地所有者或运营者也视为潜在的责任者就是对污染者负担原则的扭曲。特别是对历史上的污染而言，真正的污染者或土地所有者和运营者已经不存在或破产，当前的土地所有者和运营者不得不承担责任却无法追偿。

3. 受害者得到充分救济

受害者人身或财产损失的救济是建设用地土壤污染治理责任制度另一个重要但往往被忽略的目标。美国“超级基金法案”草案将受害者的救济也纳入目标条款，但为确保法律通过，提交审议时被删除。事实上，污染场地对居民财产和人身健康的影响将成为严峻的社会和法律问题，责任制度的忽视或刻意回避将影响污染场地的发现及环境正义的实现。

4. 预防新污染场地的产生

责任制度的建立不仅应当解决场地的治理，还应当预防新污染场地的产生。在具体手段上，不可能依赖作为土地的供给者的政府、房地产的开发者、产业者及其他土地使用者道德水准的提高。法律责任的威慑及指导作用可以促进本目标的实现，激励政府谨慎挑选合适的土地使用者和运营者，促进污染场地的发现和土地使用档案制度的建立，其重要性更为凸显。

5. 不过分阻碍土地的再开发与流通

建设用地土壤污染治理责任制度与房地产等土地开发市场的关系紧

密。已有明确的证据表明，场地污染对房地产价格和交易量有明显的抑制作用。另外，区域房地产市场的繁荣程度也对责任制度的实施和效果有实质性的影响。我国不同城市的房地产市场繁荣程度和成熟度不尽相同，北京市的尝试具有高度的区位性约束，无法在全国范围内推广。在同样的修复基准下，如地块位于城市偏僻地带和地产市场不繁荣的城市，就可能出现无人拍地的情况，从而出现大量的废弃或低效利用地块。例如，美国“超级基金法案”颁布后，土地所有者慑于“超级基金法案”严苛和不确定的责任制度，污染程度一般的棕色区域的修复和再开发受阻，造成大量旧工厂、商业设施的遗弃或低效利用，伴随着美国经济的衰退和城市中心的转移，这一问题日益突出。为此，美国在 2002 年颁布了《小规模企业责任减轻和棕色地块振兴法》，鼓励棕色地块的自愿治理，并规定了一系列的政策优惠。因此，我国城市历史遗留污染场地责任制度不应阻碍土地的再开发与流通。

值得注意的是，上述不同目标间存在着相互牵制的关系。譬如，单纯强调污染场地最大限度的治理要求责任制度将重心放在甄别尽可能多的责任者，汲取尽可能多的资金，使受污染的场地得到最大限度的清理或修复。

三、建设用地土壤污染治理责任的基础

本部分将逐个分析城市建设用地污染场地形成过程中各利益相关者，发掘其可归责的依据。

（一）国家及政府

1. 国家作为土地所有者

我国实行土地公有制，城市土地归国家所有。在土地所有权之上设立土地使用权，由国家通过出让或划拨的方式交由企业、公民或其他主

体享有。土地使用权一经设立，土地使用权人就享有了大部分占有、使用、收益、处分的权利。

国家不应基于对土地的所有权而承担污染场地的责任。原因在于，土地自交由使用者使用之日起，除非经由国家的征收行为，国家都将在一定期限内脱离对土地的实际控制，成为土地的监管者。因此，国家只需要承担监管不当的行政责任，而非污染场地修复的民事责任。否则，国家将对所有污染场地修复负责，这不仅缺乏理论依据而且不具有可行性。值得一提的是，在国有企业改革过程中，国家有时将土地作价入股或通过授权经营由企业使用。基于股权的相对独立性理论，国家仍丧失了对土地的直接控制，因而无须基于此承担责任。

2. 国家作为企业或设施的所有者

在很长的历史时期内，国家是企业的绝对控制者。经过对官僚资本主义、民族资本主义的改造和国家大规模的投资兴建，我国塑造了国有企业的基本样态。传统经济体制下的政企关系是层级制式的上下级隶属关系，公有制经济占 97% 以上。国家是企业唯一的产权主体，企业是行政机构的附属物，是按照上级主管部门指令进行生产的管理单位，企业没有独立的决策经营权，国家对企业的计划、投资、财务、物资、劳动工资等方面进行面面俱到的管理。政府对企业承担无限责任，向企业无偿供给资金，并收取几乎全部剩余利润，企业不能独立支配和处理企业资产，也不能享有使用资产获得的收益。通过 20 世纪 70~80 年代扩大国有企业经营自主权和“利改税”，国家与企业的利益分配关系得以明确，逐渐过渡到以放权和让利为特征的双轨经济体制，再到现代企业制度，国家与企业之间的关系已从隶属关系转变为产权所有关系。具体而言，对于经过出售国有资产、实行股份合作制改造的，原国有企业已经完全脱离主管部门而独立，企业与政府间的关系由原来的隶属关系变成非国有企业与政府的关系；对于大型国有企业来说，在经过股份制改造后，原国有企业与主管部门的关系已变成股份制企业与股东的关系。

在原国有企业的生产和经营中，国家实际上控制了企业的生产，知晓企业生产污染的排放，同时是控制或消除这种污染排放的决定者。在这种紧密控制的过程中，国家实际上是作为普通民事责任主体实施生产经营活动，对其污染造成的环境损害应当承担责任。换句话说，国家是否因与企业存在关联而承担责任主要取决于二者关系的紧密程度。虽然国家与企业之间关系的转变是渐进的过程，但以企业改制为不同责任承担方式的分界点是合理的：时间可考且利益关系清晰。具体而言，如果污染发生在改制前的国有企业，那么国家应当作为污染者承担修复责任；如果污染发生在改制之后，那么在任何条件下国家都不应当成为责任主体。并且，如果污染发生在改制之前且企业的债权债务有明确的承继者，则应当由承继企业承担责任。如果无法区分污染是发生在改制之前抑或之后，则成立共同责任，由国家和承继企业承担连带责任。当然，国有企业的具体管理者可能是中央政府或地方政府，因此在确定具体的责任主体时，要按照企业的行政隶属关系进行明确。

3. 国家作为土地征收者（地方政府）

国家可以在特定情形下征收土地，收回原土地使用权，具体由地方政府实施。如果国家征收土地，国家是否会因为再次获得了完整的土地所有权而成为责任主体？答案是否定的。原因在于，土地征收是典型的国家主权行为，是国家对公权力的运用，因而属于主权豁免的范畴。因此，国家或政府不应因土地征收而成为责任主体。

4. 国家作为土地的出让 / 划拨者（地方政府）

为实现土地要素的价值和流通，国家通常在土地上设定土地使用权，由市县级人民政府出让或划拨。若该土地为历史遗留污染场地，在污染者已消失、无法确定污染者或污染者无力承担全部责任的前提下，政府也可能为此承担责任。这是因为，地方政府是土地收益（主要是土地出让金）的主要收取者，作为受益者有必要和能力承担土地修复的责任。但是，土地出让金收益有时并不完全由地方政府取得，因而要依据《国有土地使用权出让收支管理办法》和各地有关土地增值收益具体的收支办法确定地方政府承担责任的比重。例如，《广州市“三旧”改造项目土地出让收入收缴及使用管理办法》第 4 条规定，改造旧厂房的土地增值收益（土地公开出让收入扣除土地储备成本及按规定计提、上缴的专项资金）直接划入市级财政收入，不直接在区、市间分成。在一些工业企业搬离市区的过程中，政府通常将土地增值收益的特定比例返还企业。总之，当出让的土地为历史遗留污染场地时，地方政府可能作为受益者承担责任，具体的责任大小应视土地使用收益的分配比例而定。

值得一提的是，为了防范未来的土壤污染，对土地使用者生产、经营或使用活动对土壤环境影响的约束性要求可规定在土地出让合同中，作为附随土地使用和再度转让的强制约束。

5. 政府作为管理者和公共服务的提供者

中央政府和地方政府是公共服务的提供者。在确实无法找到责任者时，政府应当承担最后的责任。此外，作为管理者的政府无须因为监管的失当承担修复的责任，并不意味着对其行政法律责任的免除。

区分政府基于对造成污染的原国有企业场地治理和修复的责任承担与基于管理者和公共服务提供者的责任承担，其法律意义一方面在于对污染者负担原则的贯彻，另一方面则在于落实责任在不同政府层级间的明确分配。

（二）污染者

1. 排污企业及其承继者

毫无疑问，排污企业应当成为建设用地土壤污染的首要责任者，污染者负担原则要求企业将转移给社会的成本内部化。想要建立企业生产与场地污染的因果关系，需要通过“历史航空照片、工商注册资料、房屋设施建造资料、工厂生产日志、地下油罐腐蚀模型、化学物质上市时间、化学物质生产过程、化学物质‘指纹图’、化学物质降解模型、污染物在土壤和地下水中运动模型、化学物质同位素等”证据进行考察。

在我国，历史上的排污企业极可能伴随着经济体制和企业的改革而变更或消亡。《土壤污染防治法》第 47 条规定：“土壤污染责任人变更的，由变更后承继其债权、债务的单位或者个人履行相关土壤污染风险管控和修复义务并承担相关费用。”对此条文的合理性来源，最可能被援引的条款是《中华人民共和国民法通则》第 44 条、《中华人民共和国民法总则》第 67 条、《中华人民共和国公司法》第 174 条和 176 条等条文的规定。问题在于，土壤污染治理责任并非一般的民事债权、债务，而是一种公法化的行政责任。

首先，行政责任能否承继取决于责任的人身专属性，即某项责任是否必须由某责任主体负担方能实现责任施加的目的。具有人身专属性的责任不能转移到其他主体；反之，不具有人身专属性的责任则可发生转移或承继。污染行为人依土壤法所负的治理责任，与行为人的资格或能力无关，并非着重于人的属性，而是强调污染治理的物的属性，重点在于该片污染土壤是否能恢复至其未受污染的状态，即在于污染的善后处理。这便自然不属于具有人身专属性的公法义务。其次，学术界对具体责任是否可以继受一般没有大的争议，而在《土壤污染防治法》实施初期，原污染责任人可能已经发生了形态的改变，其承继者继受的责任还是抽象责任，行政机关无法实施行政行为，将抽象的危害防止义务转化为具体的危害防止义务。笔者认为，此时的土壤污染治理责任虽然尚未转化为具体的行政义务，但由于土壤污染治理责任是否构成、责任如何实施、责任是否达成主要依赖于场地调查、风险评估、效果评估等科学判断，行政机关的行政活动并不具有实质性的构建意义，不影响责任是否存在和大小，所以即便是抽象责任，依然可以继受。

同理，在企业改制的实践中，承继企业往往与原企业签订债权债务转让协议，对原企业的债务承担做出约定。他们通常约定，除已审计查明并在协议中约定的债务外，承继企业概不承担其他债务。有些历史遗留污染场地的修复责任产生于未来的新法颁布后，常晚于企业改制或变更的时间，属于将来发生的、约定外的事项。我们认为，企业间的约定并不能免除承继企业因原企业的污染应承担的法律责任，因为它并不是一般的民事债务，而是依据专门的环境保护法律应承担的以行政责任为形式的环境责任。正如1999年《国家环境保护总局关于企业改制后环境污染防治责任有关问题的复函》指出的，企业因改制或合并、分立而发生变更的，原企业所承担的环境污染防治责任，依法应由变更后的企业承担。

2. 现有企业

如果现有企业不是历史上排污企业的承继者，在证明自身的生产活动未造成场地污染后，无须承担责任。但如果现有企业明知该地块有严重的污染问题而不告知环保部门，或将土地使用权转让，就会因过错成为责任者之一。

3. 其他污染者

在土壤污染活动中，还可能存在污染物的处置者、危险废弃物的运输者、污染物排放的选址者、管道的铺设者等相关主体。这些主体也同污染物的产生者一样，属于污染责任人的范围，各国/地区立法对此一般不持异议。例如，根据我国生态环境部《建设用地土壤污染责任人认定办法（试行）（征求意见稿）》第3条，土壤污染责任人是指因排放、倾倒、堆存、填埋、泄漏、遗撒、渗漏、流失、扬散污染物或有毒有害物质，造成土壤污染，需要依法承担风险管控、修复责任的单位和个人。我国台湾地区相关规定也将污染行为人规定为因下列行为造成土壤或地下水污染的人：①泄漏或弃置污染物；②非法排放或灌注污染物；③中介或容许泄漏、弃置、非法排放或灌注污染物；④未依法令规定清理污染物。

（三）土地使用人

1. 企业本身作为土地使用权人

当使用土地的是排污企业时，企业作为排污者就足以成为其担责的理由，而无须借助土地使用人的身份。当使用土地的是非排污企业的其他主体时，其是否应当承担责任可参照上文。

2. 房地产开发商作为土地使用人

将房地产开发商单独列出主要缘于开发商在土地开发中的特殊作用，正是由于房地产开发才使得局限在较小范围内的土壤污染问题暴露在一定范围内的居住或商业等非工业活动中，在缺乏工业活动中常有的信息和防护措施的情况下，这极易演变成公共健康问题。但房地产开发商是否应当承担责任及承担责任的大小应在遵行过错责任原则的前提下，依据场地污染的严重程度、治理的紧迫性和土地的区位因素来确定。

需要明确的是，对房地产开发商过错的判定往往像证明土地的权属状况一样容易。房地产开发建设前，应当进行建设项目的环境影响评价。建设项目概况以及建设项目周边环境现状都是环境影响评价报告中的基础内容，因此，房地产开发商理应在环境影响评价过程中知晓土地的状况。当然，房地产开发商基于场地污染向土地出让方或转让方追究合同责任不得免除其本身修复及相关的法律责任。为了防止责任条款的设置对土地开发产生阻碍并造成大量废弃或低效利用地块的出现，对于污染程度中等或较低的场地或场地处于地产市场不活跃区域的，可以减轻或免除房地产开发商的责任，从而鼓励这些场地的再开发和利用。因此，对房地产开发商责任的认定应谨慎对待，以免影响土地的开发与利用。

3. 居民作为土地使用人

借由房地产开发后的商品房交易，居民往往成为土地使用权的享有者。如果该地块是未经修复的污染场地，居民是否应当承担修复责任？诚然，居民作为土地使用权人实际上分享了土地的收益，并可能在土地价值上涨时享有土地的溢价，但在任何情况下，居民都不应当作为土地的受益人而承担责任。相对于政府、企业、房地产开发商而言，居民是绝对的弱势者，因而法律应当倾斜保护予以免责。但是，如果居民在购买时已知晓土地的污染状况，在场地经政府基于公共管理者的角色修复后，居住者又转让该房屋和其下的土地使用权的，应基于土地清洁后的价值增益补偿政府。对此，我国的《土壤污染防治法》并未做出明确规定。

此外，对于土地使用权人而言，污染发生时企业使用的是他人的土地。那么，对于污染发生时的实际土地使用权人应否承担责任，主要考虑以下两个因素：①是否明确知晓污染的排放；②是否具有对生产过程和污染进行实质性控制的能力。

四、我国建设用地土壤污染的治理责任制度

（一）责任主体

依照《土壤污染防治法》，需要承担建设用地土壤污染治理责任的主体包括土壤污染责任人、土地使用权人、省级人民政府生态环境主管部门、地方人民政府生态环境主管部门及其他相关部门。我国基本确定了“土壤污染责任人、土地使用权人和政府顺序承担防治责任”的分配模式。基本的责任分配及流程如图 7-1 所示。

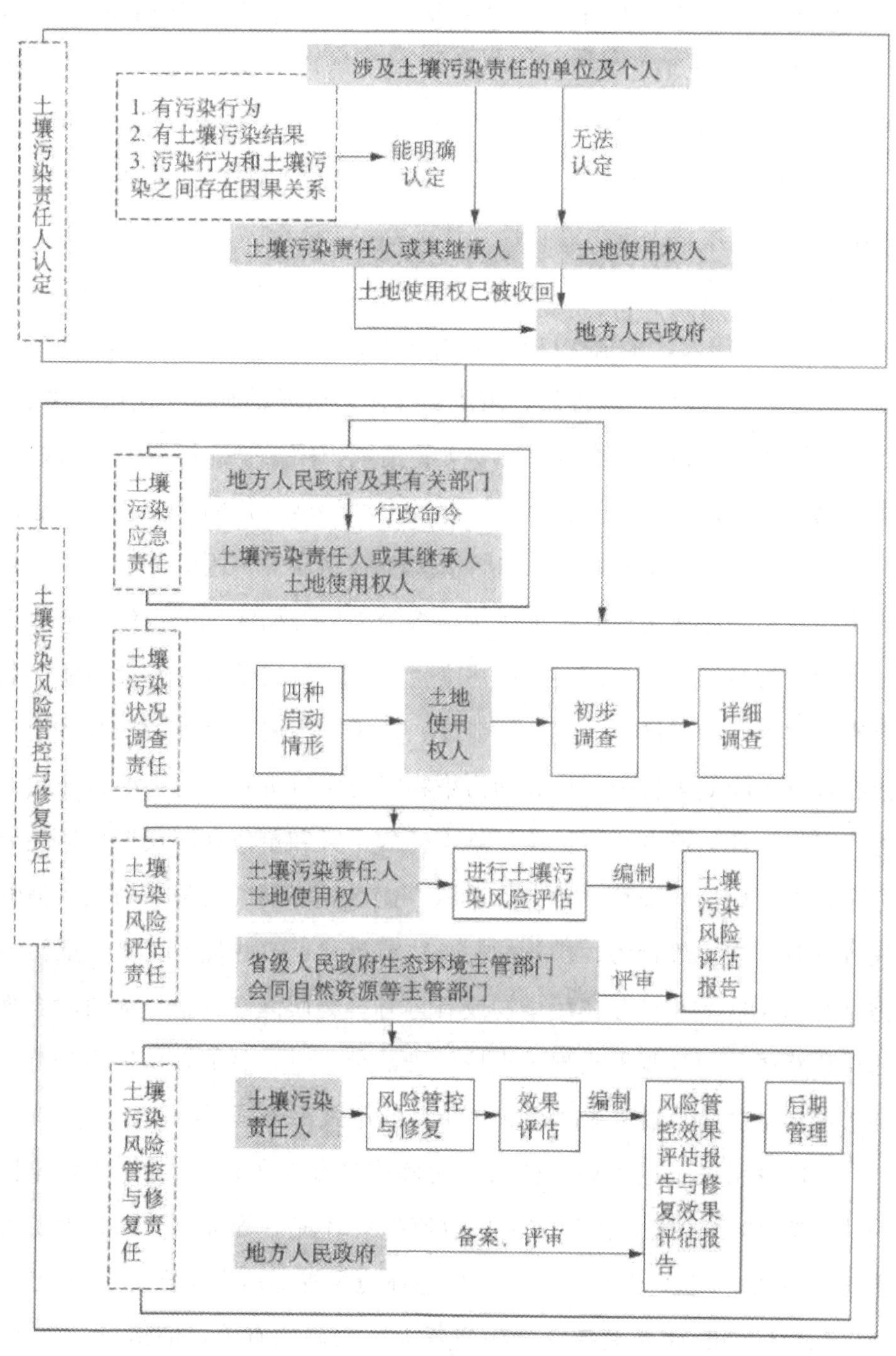

图 7-1　基本的责任分配及流程

遵循“谁污染，谁负责”的一般原则，《土壤污染防治法》第45条明确规定，“土壤污染责任人负有实施土壤污染风险管控和修复的义务”；第47条规定，“土壤污染责任人变更的，由变更后承继其债权、债务的单位或者个人履行相关土壤污染风险管控和修复义务并承担相关费用”。《建设用地土壤污染责任人认定办法（试行）（征求意见稿）》（本章以下简称《认定办法》）第3条对建设用地土壤污染责任人做出规定：“土壤污染责任人，是指1979年9月13日《中华人民共和国环境保护法（试行）》生效后，因排放、倾倒、堆存、填埋、泄漏、遗撒、渗漏、流失、扬散污染物或有毒有害物质等，造成土壤污染，需要依法承担风险管控、修复责任的单位和个人。涉及土壤污染责任的单位和个人是指具有前款行为，可能造成土壤污染的单位和个人。”适用《土壤污染防治法》及相关法律法规时，土壤污染行为人应遵循无过错责任原则承担土壤污染防治责任。当涉及土壤污染责任的个人或单位在建设用地地块上有排放、倾倒、堆存、填埋、泄漏、遗撒、渗漏、流失、扬散污染物或有毒有害物质等行为，排放的污染物或有毒有害物质与土壤特征污染物具有相关性，或者涉及土壤污染责任的个人和单位在建设用地地块周边有排放、倾倒、堆存、填埋、泄漏、遗撒、渗漏、流失、扬散污染物或有毒有害物质等行为，排放的污染物或有毒有害物质与土壤特征污染物具有相关性，并且存在污染物或有毒有害物质能够到达该地块的合理的迁移路径，在客观上出现了土壤污染的结果时，就能够认定污染行为与土壤污染之间存在因果关系，该单位或个人为土壤污染责任人。

在建设用地土壤污染责任人不明确或者存在争议时，《土壤污染防治法》第48条规定，由地方人民政府生态环境主管部门会同自然资源主管部门认定，认定办法由国务院生态环境主管部门会同有关部门制定。《认定办法》第31条规定了产生责任人不明确或有争议的情形，包括：①建设用地上曾存在多个从事生产经营单位和个人的；②建设用地土壤污染存在多种来源的；③其他情形。

在土壤污染责任人无法认定时，《土壤污染防治法》第45条规定，由土地使用权人实施土壤污染风险管控和修复。同时，法律鼓励和支持有关当事人自愿实施土壤污染风险管控和修复。

就《土壤污染防治法》生效前责任人认定的问题，《认定办法》第3条的规定体现了在土壤污染责任人认定上采取溯及既往的原则。这是因为早在1979年公布试行的《中华人民共和国环境保护法（试行）》中就已明确规定，"一切企业、事业单位的选址、设计、建设和生产，都必须充分注意防止对环境的污染和破坏……已经对环境造成污染和其他公害的单位，应当按照谁污染谁治理的原则，制定规划，积极治理"，这也符合国际上一些发达国家的做法。

涉及多个土壤污染责任人时，《认定办法》第7条规定："鼓励土地使用权人与涉及土壤污染责任的单位和个人之间，或涉及土壤污染责任的多个单位和个人之间就责任承担及责任份额达成协议，责任份额按照各自对土壤的污染程度确定。无法协商一致的，原则上平均分担责任。"

就历史遗留土壤污染问题，在《土壤污染防治法》生效后，无论是正常生产经营过程中的无意行为还是非法排污，只要造成建设用地土壤污染，均应承担土壤污染治理责任。这是由于对历史遗留土壤污染成因是否为合法排污调查取证困难，难以在实践中落实，容易出现无责任人承担相应责任的情况。同时，在正常经营活动中造成土壤污染的单位和个人，因其污染行为而获取了经济利益，基于"受益者负担"的考量，也有责任承担一定的修复义务。

在土地使用权已经被地方人民政府收回、土壤污染责任人为原土地使用权人的情况下，由地方人民政府组织实施土壤污染风险管控和修复。

（二）责任范围

《土壤污染防治法》第 35 条规定："土壤污染风险管控和修复，包括土壤污染状况调查和土壤污染风险评估、风险管控、修复、风险管控效果评估、修复效果评估、后期管理等活动。"这意味着，土壤污染治理责任主要涉及土壤污染状况调查、土壤风险评估、风险管控、修复、风险管控效果评估和修复效果评估，以及后期管理等环节。现对各环节及相应责任主体的责任范围予以分析。

1. 土壤污染应急责任

依照土壤污染治理的程序，须在土壤状况调查和土壤污染风险评估完成后，才能实施风险管控、修复活动。实践中，土壤污染调查和土壤污染风险评估往往耗时长、程序烦琐，在此期间，土壤污染依然存续或者继续扩大，可能威胁到公众健康或者生态。为此有必要采取移除污染源、防止污染扩散等措施，减轻污染，保障公众健康和生态安全。另外，在出现突发事件可能造成土壤污染时，也存在采取防治土壤污染应急措施的必要。为此，《土壤污染防治法》规定了土壤污染的应急责任。该法第 39 条规定："实施风险管控、修复活动前，地方人民政府有关部门有权根据实际情况，要求土壤污染责任人、土地使用权人采取移除污染源、防止污染扩散等措施。"第 44 条规定："发生突发事件可能造成土壤污染的，地方人民政府及其有关部门和相关企业事业单位以及其他生产经营者应当立即采取应急措施，防止土壤污染，并依照本法规定做好土壤污染状况监测、调查和土壤污染风险评估、风险管控、修复等工作。"

应急责任的主体包括地方人民政府及其有关部门和相关企业事业单位及其他生产经营者。启动的一般方式是由地方人民政府的农业农村、林业草原、生态环境等主管部门，以行政命令的方式要求土壤污染责任人、土地使用权人履行该责任。土壤污染的应急责任需要在土壤污染详细调查和风险评估前就进行，此时的污染责任人，特别是作为非土地使用权人的历史上的污染责任人尚难以确定。因此，应急责任的实际承担者可能多为土地使用权人。然而，土地使用权人承担的责任为实施责任，依据《土壤污染防治法》第 46 条规定："因实施或者组织实施土壤污染状况调查和土壤污染风险评估、风险管控、修复、风险管控效果评估、修复效果评估、后期管理等活动所支出的费用，由土壤污染责任人承担。这意味着，土地使用权人在实施了土壤污染的应急活动后，可以就相关的费用向土壤污染责任人追偿。"值得注意的是，若行政命令要求土地使用权人承担相关应急责任，土地使用权人不履行的，将面临行政处罚的后果。

2. 土壤污染状况调查责任

（1）主要条文依据。

《土壤污染防治法》第 59 条规定："对土壤污染状况普查、详查和监测、现场检查表明有土壤污染风险的建设用地地块，地方人民政府生态环境主管部门应当要求土地使用权人按照规定进行土壤污染状况调查。用途变更为住宅、公共管理与公共服务用地的，变更前应当按照规定进行土壤污染状况调查。前两款规定的土壤污染状况调查报告应当报地方人民政府生态环境主管部门，由地方人民政府生态环境主管部门会同自然资源主管部门组织评审。"实施土壤污染状况调查活动，应当依照第 36 条的规定编制土壤污染状况调查报告。土壤污染调查报告应当主要包括地块基本信息、污染物含量是否超过土壤污染风险管控标准等内容。污染物含量超过土壤污染风险管控标准的，土壤污染状况调查报告还应当包括污染类型、污染来源以及地下水是否受到污染等内容。《土壤污染防治法》第 67 条进一步规定："土地使用权人应当在土壤污染重点监管单位生产经营用地的用途变更或者在其土地使用权收回、转让前，按照规定进行土壤污染状况调查。土壤污染状况调查报告应当作为不动产登记资料送交地方人民政府不动产登记机构，并报地方人民政府生态环境主管部门备案。”

（2）责任分配。

依据上述条文，建设用地土壤污染状况调查责任的启动主要有若干情形：①土壤污染状况调查、详查和监测、现场检查表明土壤有污染可能的；②土地用途变更为一类用地中的住宅和公共管理与公共服务用地的；③土壤污染重点监管单位生产经营用地用途变更的；④土壤污染重点监管单位土地使用权收回、转让的。在这四种情形下，土壤污染状况调查的责任都由土地使用权人承担。在发生土地使用权收回、转让等权属状态转变时，土壤污染状况调查的责任都由收回或转让前的土地使用权人承担。即便在土地转让时，双方可以通过合同约定由受让人组织开展土壤污染状况调查，但这种合同约定不能改变原土地使用权人作为土壤污染治理的公法责任人的责任主体地位。当发生土地用途变更等土地使用状况变化（特别是从低敏感度到高敏感度的用地类型转变）时，由现有的土地使用权人作为责任主体。

之所以将土地权利人设定为责任人，主要考虑在于，在土壤污染详细调查之前，可能很难确定责任人，最了解、最有权在土地上开展活动的土地使用权人较为适宜承担最初步的调查责任。当然，值得注意的是，同样依据《土壤污染防治法》第46条的规定：“土地使用权人承担相关责任后的花费有权向污染责任人追偿。”

此时，相关政府部门承担的责任包括：①地方人民政府生态环境主管部门向土地使用权人发布土壤污染状况调查的行政命令；②地方人民政府生态环境主管部门组织评审土壤污染状况调查报告；③土壤污染不动产登记机构对土壤污染重点监管单位生产经营用地的用途变更或者土地使用权收回转让前对土壤污染状况调查报告进行登记，并由地方人民政府生态环境主管部门备案；④土地使用权收回时，地方人民政府具有调查责任；⑤土壤污染责任人无法认定时，地方人民政府及有关部门可以依据实际情况主动实施。所谓评审，即为相关技术事项的把关，主要关注调查报告和结论的科学性、技术性，不属于行政许可的范畴。审核的范围主要包括调查范围是否合适、资料收集是否完备、采样点布设是否科学、采样深度设置是否科学、现场样品采集过程是否规范等。在此环节，从事土壤污染状况调查的单位也要对其出具的调查报告的真实性、准确性、完整性负责。

（3）责任内容。

土壤污染状况调查分为初步调查和详细调查两种。《土壤环境质量 建设用地土壤污染风险管控标准（试行）》（GB 36600—2018）将《城市用地分类与规划建设用地标准》（GB 50137—2011）中的部分用地类型划分为一类城市建设用地中的第一类用地（城市建设用地中的居住用地、公共管理与公共服务用地中的中小学用地、医疗卫生用地和社会福利设施用地、公园绿地中的社区公园或儿童公园用地等）和第二类用地（城市建设用地中的工业用地、物流仓储用地、商业服务设施用地、道路与交通设施用地、公共设施用地、公共管理与公共服务用地、除社区公园或儿童公园用地外的绿地与广场用地）。其他建设用地参照该划分类型处理。该标准规定，建设用地土壤中污染物含量等于或低于风险筛选值的，建设用地污染风险一般情况下可以忽略。通过初步调查确定建设用地土壤中污染物含量高于风险筛选值的，应当依据《建设用地土壤污染状况调查 技术导则》（HJ 25.1—2019）、《建设用地土壤污染风险管控和修复监测 技术导则》（HJ 25.2—2019）等标准及相关技术要求，开展详细调查。

初步调查包括资料收集、现场踏勘、人员访谈、信息整理及分析、初步采样布点方案制定、现场采样、样品检测、数据分析与评估、调查报告编制等。初步调查表明土壤中污染物含量未超过国家或地方有关建设用地土壤污染风险管控标准（筛选值）的，则对人体健康的风险可以忽略（即低于可接受水平），无须开展后续详细调查和风险评估；超过国家或地方有关建设用地土壤污染风险管控标准（筛选值）的，则对人体健康可能存在风险（即可能超过可接受水平），应当开展进一步的详细调查和风险评估。初步调查无法确定是否超过国家或地方有关建设用地土壤污染风险管控标准（筛选值）的，则应当补充调查，收集信息，进一步进行判别。

详细调查包括详细调查采样布点方案制定、水文地质调查、现场采样、样品检测、数据分析与评估、调查报告编制等。详细调查应当进一步确定土壤污染物的空间分布状况和范围及其对土壤、地表水、地下水、空气污染的影响情况，分析污染物在该地块的迁移与归宿等，为风险评估、风险管控以及治理与修复等提供支撑。详细调查不能满足上述要求或需要进一步精细测算治理与修复范围的，应当补充调查，收集更多信息。

3. 土壤污染风险评估责任

（1）条文依据。

《土壤污染防治法》第 60 条规定："对土壤污染状况调查报告评审表明污染物含量超过土壤污染风险管控标准的建设用地地块，土壤污染责任人、土地使用权人应当按照国务院生态环境主管部门的规定进行土壤污染风险评估，并将土壤污染风险评估报告报省级人民政府生态环境主管部门。"第 37 条规定："实施土壤污染风险评估活动，应当编制土壤污染风险评估报告。土壤污染风险评估报告应当主要包括下列内容：①主要污染物状况；②土壤及地下水污染范围；③农产品质量安全风险、公众健康风险或者生态风险；④风险管控、修复的目标和基本要求等。"

（2）责任分配。

依据《土壤污染防治法》第 60 条，土壤污染风险评估责任的主体为污染责任人和土地使用权人。当然，土地使用权人承担的是不真正责任，在先行实施后，可以向污染责任人追偿。当污染责任人无法认定时，由土地使用权人实施风险评估，地方人民政府及其有关部门也可以依据实际情况组织实施风险评估活动，国家也鼓励和支持有关当事人自愿实施土壤污染风险管控和修复。

除风险评估的实施责任外，省级人民政府生态环境主管部门应当会同自然资源等主管部门按照国务院生态环境主管部门的规定，对土壤污染风险评估报告组织评审，并将其作为是否需要实施风险管控、将修复的地块纳入建设用地土壤污染风险管控和修复名录的依据。土壤污染风险评估报告审核的范围主要包括概念模型是否合理、参数选择是否规范、风险表征是否科学、不确定性分析是否合理、风险控制值的确定是否科学等。

（3）责任内容。

在各国针对污染土壤的管理流程中，风险评估是必不可少的部分。风险评估是指经过危害识别、暴露评估、毒性评估、风险表征、风险控制值计算等，评估判断土壤及地下水污染造成的人体健康风险是否超过可接受水平，并计算土壤及地下水污染风险控制值。污染土壤风险评估分为人体健康风险评估和生态风险评估。健康风险评估是指针对特定土地利用方式下的场地条件，评价场地上一种或多种污染物质对人体健康产生危害可能性的技术方法；生态风险评估评价场地污染物对植物、动物和特定区域的生态系统影响的可能性及影响大小。场地受到污染后，通常需要采取一定的措施，以削减土地利用过程中的人群健康风险和生态风险。

依据《土壤污染防治法》第60条，土壤污染风险评估启动的条件，即土壤污染状况调查报告评审表明建设用地地块的污染物含量超过土壤污染风险管控标准。依据《土壤环境质量 建设用地土壤污染风险管控标准（试行）》（GB 36600—2018），建设用地土壤污染风险管控标准包括风险筛选值和管制值。该标准规定的风险评估责任启动的前提是，通过土壤污染状况详细调查，确定建设用地土壤中污染物含量等于或低于风险管制值，应当依据相关的技术导则标准及相关技术要求，开展风险评估，确定风险水平，以判断是否需要采取风险管控或修复措施。若通过详细调查，确定建设用地土壤中污染物含量高于风险管制值，则通常视为对人体健康存在不可接受的风险，无须进行风险评估，即应采取风险管控或修复措施。由此，无论是以 GB 36600—2018 为依据，区分应风险评估和无须风险评估而直接进行风险管控或修复两种情形，抑或是超过风险筛选值都应风险评估，在条文适用中可能会产生争议。事实上，土壤污染风险评估的意义不仅在于判断建设用地土壤污染产生的公众健康或生态风险，更重要的是评估土壤污染产生风险的路径，提出风险管控、修复的目标和基本要求，从而与后续的风险管控与修复责任衔接。从这个意义上来说，不论是土壤污染物水平超过标准中的管制值，可直接推断存在高风险的地块，还是位于风险筛选值和管制值之间的地块，都应开展风险评估。

4. 污染土壤风险管控与修复责任

（1）条文依据。

污染建设用地风险管控与修复责任的主要依据是《土壤污染防治法》第 62~66 条。第 62~63 条规定了土壤污染责任人和地方人民政府生态环境主管部门的风险管控责任。第 64 条规定了污染土壤修复方案的制定和实施。第 65 条规定了土壤污染风险管控与修复活动的评估。第 66 条规定了将经过风险管控和修复的土壤污染从名录中移除的程序。

（2）责任分配。

土壤污染风险管控责任的主体为污染责任人和地方人民政府。对建设用地以及土壤污染风险评估报告提出要求，采取相应的风险管控措施，并定期向地方人民政府生态环境主管部门报告。风险管控措施应当包括地下水污染防治的内容。若因暂无人对建设用地土壤污染风险管控和修复名录中地块实施风险管控或修复措施而未能及时采取风险管控措施，则可能会产生很大的环境不利影响。为此，《土壤污染防治法》规定了地方人民政府依职权采取风险管控措施的情形，提出划定隔离区域的建议，报本级人民政府批准后实施．进行地下水污染状况监测和其他风险管控措施。污染土壤修复方案编制、修复实施、修复效果评估等责任的主体为污染责任人。当污染责任人无法认定时，由土地使用权人实施风险评估和修复，地方人民政府及其有关部门也可以依据实际情况组织实施风险评估活动（如遇到突发事故时），国家也鼓励和支持有关当事人自愿实施土壤污染风险管控和修复。

此外，政府还应承担的责任包括：①地方人民政府生态环境主管部门对土壤污染风险管控和修复方案、效果评估方案的备案责任；②省级人民政府生态环境主管部门和自然资源等主管部门对风险管控或修复效果评估报告的评审责任；③日常监管责任等。进行土壤污染风险评估、修复方案编制、工程实施、效果评估等的地方机构，在此环节也应对活动的真实性、准确性、完整性、有效性负责。

（3）责任内容。

风险管控与修复是针对土壤污染的两种平行的管理制度。风险管控是指通过切断或阻隔污染物影响受体的途径，以及限制或者避免受体与污染物接触的可能性，减少风险事件造成的损失。风险管控强调对已存在的土壤污染采取控制措施，防止污染物对食用农产品和环境受体造成直接影响。修复是指采用工程、技术和政策等管理手段，将地块污染物移除、消减、固定或者将风险控制在可接受水平的活动。修复的重点在于降低土壤中污染物的含量，固定土壤污染物，将土壤污染物转化为毒性较低或无毒的物质，或阻断土壤污染物在生态系统中的转移途径，从而减小土壤污染物对环境、人体或其他生物体的危害。在《土壤污染防治法》和相关的标准中，并未明确规定土壤污染风险管控和修复两种类型的适用情形，似乎是要结合单个地块的污染程度、规划用途等多个因素具体确定。然而，从成本上看，风险管控和修复措施相差巨大，即便是修复本身，不同修复方法间的成本差异也相当大，直接影响责任主体的责任份额。依照现行规定，修复目标的确定主要依赖土壤污染风险评估方案。依照《土壤污染防治法》的规定，责任方应将土壤污染风险评估报告报省级人民政府生态环境主管部门，经省级人民政府生态环境主管部门会同自然资源等主管部门对报告进行评审后，将需要实施风险管控、修复的地块纳入建设用地土壤污染风险管控和修复名录。在达到风险评估报告确定的风险管控、修复目标后，由土壤污染责任人和土地使用权人申请移出目录。然而，此处所称“评审”并非行政审批，应有效防止责任者利用污染场地修复技术的复杂性，减轻责任负担。

应承担风险管控和修复责任的主体须编制风险管控和修复的方案，定期向地方人民政府生态环境主管部门报告，并将修复方案报地方人民政府生态环境主管部门备案，依照方案开展污染土壤的风险管控和修复。在污染土壤风险管控和修复过程中，责任者还负有一系列的注意义务，不得对土壤和周边环境造成新的污染。具体而言，包括：①进行风险管控、修复活动中产生的废水、废气和固体废物，应当按照规定进行处理、处置，并达到相关环境保护标准，即“达标排放”；②其间产生的固体废物以及拆除的设施、设备或者建筑物、构筑物属于危险废物的，应按照法律法规和相关标准的要求进行处置；③施工期应公开，设立公告牌，公开相关情况和环境保护措施；④修复施工单位转运污染土壤的，应当制定转运计划，将运输时间、方式、线路和污染土壤数量、去向、最终处置措施等，提前报所在地和接收地生态环境主管部门，转运土壤属于危险废物的，应按照《中华人民共和国固体废物污染环境防治法》《危险废物经营许可管理办法》《危险废物转移联单管理办法》等规定处置。

当污染土壤的风险管控和修复完成后，应当进行风险管控和修复的效果评估，即对土壤是否达到修复目标、风险管控是否达到规定要求、地块风险是否达到可接受水平等情况进行科学、系统的评估，提出后期环境监管建议，为污染地块管理提供科学依据。对于土壤修复效果，可采用逐一对比和统计分析的方法进行评估，若达到修复效果，则根据情况提出后期环境监管建议并编制修复效果评估报告，若未达到修复效果，则应开展补充修复。对于风险管控效果，若工程性能指标和污染物指标均达到评估标准，则判断风险管控达到预期效果，可继续开展运行与维护；若工程性能指标或污染物指标未达到评估标准，则判断风险管控未达到预期效果，须对风险管控措施进行优化或调整。污染土壤风险管控与修复是否达到目标，应由土壤污染责任人委托有关单位进行评估，并将效果评估报告报地方人民政府生态环境主管部门备案。

除此之外，《土壤污染防治法》还规定了污染土壤的后期管理责任。其第 42 条第 3 款规定："风险管控、修复活动完成后，需要实施后期管理的，土壤污染责任人应当按照要求实施后期管理。"原因在于，土壤污染及其污染损害后果的发生具有隐蔽性、长期性、渐进性，即便进行了风险管控和修复，也不必然能解决所有潜在的污染问题，因而可能要继续实施后期管理，以长期监控土壤污染及污染扩散、污染导致损害的各种状况，以尽可能减轻土壤污染对人体健康和生态的危害。

（三）土地使用权被收回的建设用地土壤污染治理责任

尽管《土壤污染防治法》已经建立了我国建设用地土壤污染治理责任的基本框架，但相关规定仍过于原则性。本部分将以土地使用权收回时土壤污染治理责任的分配为例，讨论现有立法中建设用地土壤污染治理责任制度的不足。

《土壤污染防治法》第 68 条规定："土地使用权已经被地方人民政府

收回，土壤污染责任人为原土地使用权人的，由地方人民政府组织实施土壤污染风险管控和修复。”该条文的设定与我国的土地制度紧密相关。为完善土地的使用与管理，我国建立了土地储备制度，要求政府或政府委托的机构通过收回、收购和征收等方式取得土地进行收储和前期开发，以供应和调控城市各类建设用地。因此，污染的建设用地可能已经被政府或政府委托的机构收回、收购或征收并持有。

该条文也是对2010年武汉长江明珠小区土壤污染事件、2016年常州外国语学校土壤污染事件等重大土壤污染事件的立法应对。以常州外国语学校土壤污染事件为例，江苏常隆化工有限公司、常州市常宇化工有限公司、江苏华达化工集团有限公司（以下简称“三企业”）在生产经营及对危险废物管理过程中，严重污染了常隆地块及周边环境并随后搬离，但未对土壤进行修复处理。后案涉地块被常州市新北国土储备中心收储。常州市新北区政府拟再开发利用案涉地块，遂委托环境修复企业对其进行修复，环境修复企业在修复过程中没有严格按照修复程序施工。2015年9月，常州外国语学校搬入距离常隆地块仅一条马路的新校址后，该校多名学生出现湿疹、血液指标异常等症状。环保非政府组织北京市朝阳区自然之友环境研究所（以下简称“自然之友”)、中国生物多样性保护与绿色发展基金会（以下简称“绿发会”）经调查得知案涉地块及其周围的土壤、地下水等生态环境未得到完全修复，自然之友和绿发会认为，三企业违反了《环境保护法》《侵权责任法》等相关法律规定，应承担环境侵权的法律责任。2016年4月，自然之友和绿发会对三企业提起环境民事公益诉讼。2017年1月，江苏省常州市中级人民法院以受到污染的地块已经由政府组织修复，相关的公共利益已经得到救济为由判决两环保组织败诉，并判决两环保组织承担189.18万元的巨额诉讼费。2018年12月，在二审判决中，江苏省高级人民法院撤销了江苏省常州市中级人民法院一审判决，改判三企业向社会公众赔礼道歉，并向自然之友与绿发会各支付本案律师费及差旅费 23 万元。但对于案件涉及的土壤及地下水的修复责任，二审判决认为“政府收储不是法定的不承担侵权责任或减轻责任的情形”，但“新北区政府收储案涉地块后，根据不同时期的用地规划，先后以居住用地、绿化用地为标准制定了污染风险管控和修复方案，全面实施后可以保证与前案涉地块规划用途相匹配的周边生态环境和公众健康安全。因此，新北区政府的修复方案已经涵盖了被上诉人应当承担的案涉场地污染风险防控和修复责任范围”。对于自然之友等上诉人提出的被上诉人承担地方政府支出的污染治理费用的诉讼请求，二审法院认为，这不属于案件的审理范围，“如果新北区政府认为相关费用应由被上诉人负担或分担，可以依法向被上诉人追偿”。

该案件暴露了土地使用权被收回时，土壤污染治理责任分配的一系列关键问题：土地使用权收回后，地方人民政府承担土壤污染风险管控和修复是否为法定责任？地方人民政府组织实施后，由此产生的费用能否追偿？向何人追偿，是否如生态环境部法规与标准司所称，向原土地使用权人追偿？这种追偿是先行实施土壤污染治理的政府的权力还是义务？无疑，这些问题都很难在第 68 条中找到规范依据。

污染者负担原则是环境法中的一项基本原则，《土壤污染防治法》也明确规定了污染者负担原则，政府对于土壤污染治理费用追偿权的正.当性正来源于此。但是，对于土地使用权已经被地方政府收回的情形下的治理费用的承担，对《土壤污染防治法》的相关释义和解读还存在争议。一种观点认为，依据《土壤污染防治法》第 68 条，政府实施土壤污染治理所产生的费用，应当依据该法第 46 条的规定，由土壤污染责任人即原土地使用权人承担。另一种观点认为，该法第 68 条并未明确真正的责任由原土地使用权人承担，同时在第 45 条关于政府作为污染治理主体的规定中，与其他情形下政府实施治理活动的规定不同，并未明确治理费用的承担。

原则上，政府应当进行治理费用的追偿。但是对于土地使用权收回的污染土地，其污染者或土地使用权人历经多次变更，大多无法查明甚至灭失，即使查明也多无力承担高额的污染治理费用。因此，最终由政府实际承担了治理费用。

值得注意的是,《土壤污染防治法》第 68 条的规定有时间限制，即在该法生效时点前，已经被地方政府收回土地使用权的地块，同时符合该条规定中污染者即原土地使用权人的条件,才能由政府承担治理责任。《土壤污染防治法》在第 68 条的表述中使用了“已经”这一词汇，而该词与第 67 条表述中的“前”字，在划分标准时是否一致，对土地使用权收回的污染土地的治理责任认定非常关键。“已经”作为副词，表示动作、变化完成或达到某种程度。因此，必须对行为完成的时点予以确定，即“已经”开始的时间点。第 67 条是对土地使用权收回前的规定，其中的“前”应当是指土地使用权收回的这一行为之前，而土地使用权收回的行为未必是第 68 条中“已经”的时间点。因为，如果第 67 条和第 68 条分别是以收回行为发生前和收回行为发生后为界的话，那为什么在第 68 条中不以“后”取代“已经”呢，即表述为“土地使用权被地方政府收回后”？如果表述为“土地使用权被地方政府收回后”，即表明只要经土地使用权收回这一行为，即可适用第 68 条之规定。这与污染者负担这一基本原则相违背，不当地豁免了企业的责任而加重了政府的责任。

因此，对这一时间节点的确定不能过分扩大。《固体废物污染环境防治法》第 35 条也有类似的关于政府承担治理责任的表述，但是该条中明确将“已经”限定为该法施行前。《土壤污染防治行动计划》规定，对已经收回土地使用权的企业用地，由所在地市、县级人民政府负责开展调查评估，其中也有时间节点的限制。对于《土壤污染防治法》第

68 条中的“已经”，也应做类似解释，将其限定在该法施行前。就《土壤污染防治法》第 68 条的立法目的而言，它是为了提高土地利用率，对关、停、并、转、迁企业产生的污染地块进行治理而规定的，其目的在于解决历史遗留问题。同时该法规定，对土地使用权收回前的土地使用权人应为进行土壤污染状况调查。根据《土壤污染防治法》第 66 条，未达到治理 S 标的地块，禁止实施其他与治理无关的建设项目。因此，对于该法生效以后拟收回土地使用权的土地的治理责任应当由相应的污染责任人或土地权利人承担。

此外，该条也未明确土地使用权收回后政府承担责任的性质、具体适用情形、责任界限等。类似的漏洞在《土壤污染防治法》的诸多条文中依然存在，亟待深入的学理研究和相应的立法完善。

第三节 农用地土壤污染治理责任

一、农用地与农用地土壤污染

农用地是农业发展的基础。中国人多地少，耕地资源匮乏，城市化、工业化进程加剧了土地供需矛盾，土地生态环境问题日趋严重。因此，农用地保护是关系到我国经济和社会可持续发展的全局性战略问题。其中，“十分珍惜、合理利用土地和切实保护耕地”是我国的基本国策。

当前，我国农用地的数量和质量都面临突出的挑战。就质量退化而言，土壤污染是最突出的问题，对生态环境、食品安全和农业的可持续发展构成威胁。中华人民共和国第十二届全国人民代表大会第四次会议通过的“十三五”规划纲要明确规定：“实施土壤污染分类分级防治，优先保护农用地土壤质量安全，切实加强建设用地土壤环境监管。”可见，农用地土壤污染防治已经成为当前土壤污染防治的重中之重。

（一）农用地的基本界定

土地有多种分类方式。依照所有权归属，可分为国家所有的土地和集体所有的土地。依照地域范围，可分为城市土地和农村土地。依照土地用途，《土地管理法》将土地分为农用地、建设用地和未利用地。农用地是指直接用于农业生产的土地，包括耕地、林地、草地、农田水利用地、养殖水面等。依据《土地利用现状分类》（GB/T 21010—2017），农用地包括水田、水浇地、旱地、果园、茶园、橡胶园、其他园地、乔木林地、竹林地、红树林地、森林沼泽、灌木林地、灌丛沼泽、其他林地、天然牧草地、沼泽草地、人工牧草地、农村道路、水库水面、坑塘水面、沟渠、设施农用地、田坎等23种具体类型。由于我国《土壤污染防治法》并未对农用地另行定义，对关系到该法适用范围的农用地的界定及具体类型，须依照《土地管理法》和《土地利用现状分类》的相关规定。

（二）农用地土壤污染

1. 我国农用地土壤污染总体状况

我国农用地土壤污染较严重。2005~2013年，首次开展的土壤污染状况调查结果表明，我国耕地土壤点位超标率为19.4%，其中轻微、轻度、中度和重度污染点位比例分别为13.7%、2.8%、1.8%和1.1%，主要污染物为镉、镍、铜、砷、汞、铅、滴滴涕和多环芳烃。林地土壤点位超标率为10.0%，其中轻微、轻度、中度和重度污染点位比例分别为5.9%、1.6%、1.2%和1.3%，主要污染物为砷、镉、六六六和滴滴涕。草地土壤点位超标率为10.4%，其中轻微、轻度、中度和重度污染点位比例分别为7.6%、1.2%、0.9%和0.7%，主要污染物为镍、镉和砷。至此，农用耕地污染面积占比达19.4%。

近些年，农用地土壤污染公众事件也频频出现。例如，2011年“镉米杀机”和2013年“湖南问题大米流向广东餐桌”等公开报道出现。2013年，广州市食品药品监管局公布2013年第一季度餐饮食品抽验结果，其中一项结果为大米和米制品样品44.4%镉超标。此类消息一出，公众哗然。土壤污染带来的食品安全问题备受关注。事实上，广东省与湖南省等地“镉米”污染早已被研究证实。我国贵州赫章铅锌矿镉污染区以及江西大余、浙江温州、沈阳张士灌区、广东韶关上坝村镉污染区因为镉污染已经引起了显著的人体负面健康效应。这些社会性事件和研究成果直接推动了我国农用地土壤污染防治相关政策的制定和修复活动的试点。

2. 我国农用地土壤污染的来源

（1）农业面源污染。

农业生产中肥料、农药、兽药、农用薄膜等农业投入品的过度使用是农用地土壤污染的重要来源。化肥、农药利用率低、流失率高，不仅会导致农业土壤污染，还会通过农田径流导致地表水体有机污染、富营养化，甚至会污染地下水。更为严重的是，农业投入品中的污染物可能通过植物生长吸收聚集到农作物中，导致食品安全问题。另外，污水灌溉和污泥堆田导致的农用地污染则主要分为两种情形。一种是主动式的，在20世纪60年代，由于缺乏环保意识，我国北方部分省、区、市采用工业污水灌溉农田，在污水资源化的同时，造成了大量农田成块、成片、成区域的污染。另一种是被动式的，即工矿企业生产导致周边的河流污染，而下游地区的农民在不知情或被迫（无其他水可用）的情况下，抽取污染的河水进行农田灌溉，从而导致农用地土壤的污染，这种情况在全国各地均有可能发生。目前，我国污水灌溉农田面积约为330万公顷，占总灌溉面积的7.3%。

（2）工业污染。

从工业布局上看，伴随着城市“退二进三”的功能调整，工业生产愈来愈多地侵入农用地。甚至，在许多保护类耕地周边，建设了有色金属冶炼、石油加工、化工、焦化、电镀、制革等高土壤污染风险行业的企业。此外，我国乡镇（村）企业在生产过程中，也产生了大量的工业排放。除合法的工业园区、乡镇企业外，我国农用地的土壤污染还来自大量非法建设的工业企业。一些高污染、高能耗、被淘汰的化工厂等重污染企业被转移至农村，非法使用土地，并可能造成农用地土壤污染。

（3）矿业污染。

金属矿产资源的开采、选矿、冶炼等活动会导致岩石、围岩中的重金属释放到地表水、地下水和土壤环境中，造成矿区水土环境重金属元素污染，进而污染农作物、水生生物等，最终危害人体健康。在此情况下，污染物主要通过三种途径进入土壤：①通过大气干湿沉降进入土壤；②随矿山废水进入土壤；③因废石、尾矿的不合理堆放进入土壤。

（4）污染物的跨区域排放、堆放、弃置。

截至2018年5月，我国工业固体废物历史累计堆存量超过600亿吨，占用土地超过200万公顷。在历史堆存的基础上，每年还新产生数量可观的固体废物，带来了很大的环境风险。由于各地处理固废的能力不一、成本不同且监管强度不同，非法转移倾倒工业废酸、垃圾、污泥等危险废物、固体废物的案件逐年增多，并呈现发达地区向欠发达地区、城市向农村跨区域、规模化转移的趋势。除固体废物外，废水等污染物非法跨区域向农用地转移或倾倒也导致了农用地的土壤污染问题。

二、农用地土壤污染治理责任制度构建中的主要冲突

（一）我国特有的土地制度与土地相关权利人认定间的冲突

我国的农用地主要为农民集体所有，部分为国家所有。由于实行农用地土地所有权转让的严格限制，只有在国家为了公共利益的需要征收

集体土地等几种有限的情形下，农民集体才能转让土地所有权。此外，我国还实施土地用途管制制度。严格限制农用地转为建设用地，控制建设用地总量，对耕地实行特殊保护。对于建设占用土地涉及农用地转为建设用地的，应当办理农用地转用审批手续。即便是农村经济组织使用乡（镇）土地总体规划确定的建设用地兴办企业或者与其他单位、个人以土地使用权入股、联营等形式共同举办企业的，依照《土地管理法》第60条规定，也应当持有有关批准文件，向县级以上地方人民政府自然资源主管部门提出申请，按照省、自治区、直辖市规定的批准权限，由县级以上地方人民政府批准；其中，涉及占用农用地的，应办理农用地专用的审批手续。其用地和规模亦应受限制。为此，我国土地制度的特殊性是治理责任主体确定及治理责任承担等农用地土壤污染治理责任的核心考量因素之一。

“集体”是一个抽象的概念，现实中需要一个代为行使权利的代表。根据《宪法》第17条，农村集体经济组织有独立进行经济活动的自主权，而《中华人民共和国民法典》《中华人民共和国农业法》《中华人民共和国农村土地承包法》《中华人民共和国土地管理法》等多部法律都规定村民委员会、村民小组也有经营、管理职能。但是，目前农村土地制度中的土地产权代表人并不明确。《宪法》和《农村土地承包法》规定，农村通过实行双层经营体制，赋予农民农用地的使用权，而双层经营体制又必须以农村集体经济组织的存在为前提，然而在发展过程中，农村集体资产经营管理主体呈多元化现象，村民委员会、村民小组也可以替代农村集体经济组织行使集体资产管理职能。实质上，村民委员会是村民自我管理、自我教育、自我服务的基层群众性自治组织，为特别法人，村民小组是其下属机构，他们的职能立足于村民依法管理村务，对农用地等集体资产的管理权利应当交给农村集体经济组织。

农村的农用地土地所有权为集体所有，农民享有的只是从土地所有权中分离出的土地承包权和经营权。作为农村集体资产所有权行使的代表人，农村集体经济组织是否应就其代为行使所有权和管理权的农用地的土壤污染承担治理责任呢？农村集体经济组织负责经营管理农用地等农村集体资产，并将农用地发包给农民使用，但是，并非完全赋权农民，对农用地行使占有、使用、收益的权利，农村集体经济组织并未失去对土地的控制权，还要根据《中华人民共和国农村土地承包法》(以下简称《农村土地承包法》)、《中华人民共和国农业法》(以下简称《农业法》)等法律法规的规定，妥善管理农用地，监督农民合理使用农用地。因此，农村集体经济组织基于其作为土地所有权行使代表人有妥善管理土地的职责而承担治理责任。

然而，法律关于集体经济组织具体法律规定的缺失，导致对农村集体经济组织法律性质认定上的困难。例如，农村集体经济组织的法律地位不清，法律中多次出现了“农村集体经济组织”，但对其性质的认识尚未达成一致。尽管《中华人民共和国民法典》将其规定为特别法人，但在具体的实践中，存在不同做法。湖北者将其确定为法人，广东省则没有对此进行规定。我国部分地区已开展的农村集体经济组织产权制度改革，主要做法是股份合作制，按照劳动年限折成股份量化给本集体经济组织成员，同时提取一定比例的公益金和公积金，并实行按劳分配与按股分红相结合的分配制度。该种新型农村集体经济组织采用现代企业模式，似是由于立法的缺失，农村集体经济组织地位仍未确立。从保护农用地和农业，增强农村抵抗风险及承担责任能力的角度出发，将农村集体经济组织和代行其权利的村民委员会明确界定为法人，将为它们独立承担相关责任提供组织意义上的基础。

此外，国家推行“土地使用权承包期三十年不变”以及“增人不增地，减人不减地”的政策，土地承包经营权不够稳定且经营零散，并且由于人口不断增加和变动，土地调整十分普遍。农民没有稳定的预期收益，又缺乏代表集体行使权利的主体对农用地使用进行监督，导致农民对农用地的不良利用，如过量使用农药化肥以提高短期产量，或将土地出租用于非法处理污染物，造成农用地土壤污染。此外，土地承包经营权不稳定，还引发了同一农用地地块先后存在的数个土地使用权人之间农用地土壤污染治理责任认定与分配的问题。

在实践中，农村土地制度逐渐暴露出的土地产权行使代表人虚置、产权残缺、经营权不稳定等问题，严重影响农用地的合理科学使用，给农用地土壤污染防治带来不利影响。基于这些原因，我国《土壤污染防治法》第 57 条规定："农村集体经济组织、农业专业合作社及其他农业生产经营主体等负有协助实施土壤污染风险管控和修复的义务。"但是，一些乡镇（村）企业造成的土壤污染、因集体经济组织违法出租或变相出租土地开展工业生产导致的土壤污染，以及集体经济组织同意或协助进行的污染物非法倾倒、堆放等污染活动，集体经济组织等仅承担协助实施义务，并不能真正实现公平的责任分配。鉴于此，《农用地土壤污染责任认定办法（试行）（征求意见稿）》第 3 条将违法使用不合格的农药、化肥等农业投入品，造成农用地土壤污染，需要依法承担风险管控和修复责任的农业生产经营组织规定为农用地土壤污染责任人之一。由于该认定办法尚未获得通过，集体经济组织等的土壤污染治理责任尚不明确。

（二）农民的相对弱势地位与作为潜在责任人的冲突

在农用地土壤污染责任分配中，农民是一个重要的主体。然而，研究农民潜在的治理责任不仅要关注责任主体的适格性，也要关注农民的担责能力。广州市白云区鱼塘污染公益诉讼案便暴露了这一问题。2011 年，广州市白云区钟落潭镇白土村村民方某将其向村委会承包的两个鱼塘转租给太和镇石湖村村民谭某。从当年 9 月 1 日起，谭某用车辆运送不明固体污泥约 110 车，并将污泥倾倒至鱼塘，污泥散发出阵阵臭味，周边村民纷纷投诉。经村委干涉，倾倒行为停止。同年 9 月 14 日，广州市白云区环境保护局在接到举报后，到鱼塘现场检查取样，委托中国广州分析测试中心和广东省生态环境与土壤研究所分析测试中心分别对污泥和底泥进行检测分析。结果显示，铜和锌超过相应限值，达不到农用污泥污染物控制标准，已经对池塘造成污染。随后，白云区环境保护局委托广州市环境保护科学研究院对该鱼塘倾倒污泥的环境损害和治理成本等问题进行评估。2012 年 8 月，广州市环境保护科学研究院出具的环境污染损害评估报告认为，本次事件中，污泥在鱼塘内经阳光照射后散发出臭味，对周边村民的生产生活造成了影响。池塘属农用地，用于水产和禽类养殖，污泥排入池塘，影响其养殖功能的发挥。要恢复池塘养殖功能，必须清除倾倒的污泥，并将底泥挖起清运，同时对池塘内被污染的塘水进行处理，达到农用标准。该鱼塘倾倒污泥环境污染损害造成的直接经济损失包括监测分析费用 4 660 元、污染物处理费用 4 092 432 元，共计 4 097 092 元。根据群众反映，白云区检察机关启动民事责任追究机制，并推动中华环保联合会提起公益诉讼。2014 年 1 月，中华环保联合会作为原告，对谭某和方某提起诉讼。被告方某的代理律师认为，被告方某在签订合同时不清楚被告谭某所倾倒的物质，在知道被告谭某向鱼塘倾倒的是污泥后，已经进行了阻止，在阻止不了的情况下，还要求村民委员会来制止倾倒。所以方某对于污染的发生没有过错，此外，他本人是最大的受害者，他也希望找到谭某来承担清理污染的责任。鱼塘在经过石灰处理后污染已降低，包括被告一家在内的人食用鱼塘饲养的鱼后未发现身体异常，被告方某不应该承担污染环境责任。法院认定，被告人谭某、方某的确对污泥倾倒人鱼塘造成污染事件负有责任，判决他们 6 个月之内共同修复受污染的鱼塘，使其恢复到受污染前的状态、功能，由环保部门审核。过期没有修复，由环保部门指定具有专业资质的机构代为修复，修复费用由两名被告共同承担，并负有连带责任。

在该案中，第二被告方某是一个普通的农民。根据广州市环境保护科学研究院出具的《环境污染损害评估报告》，本次治理费用将高达409万余元。以方某为代表的大多数农民仍处于弱势地位，既不具有承担治理责任的经济能力，也不具备修复的专业技术。确定农民为治理责任主体并追究其责任符合形式上的正义，但是，农民明显无承担责任的能力却仍不得不承担责任，可能会产生新的不公。

就世界各国、各地区的法治经验来看，尽管土地权利人可能承担后顺位或相对有限的土壤污染治理责任，但对污染者做扩大化认定是普遍做法。例如，根据我国台湾地区相关规定，污染行为人不仅包括泄漏或弃置污染物和非法排放或灌注污染物的人，还包括中介或容许泄漏、弃置、非法排放或灌注污染物造成土壤或地下水污染的主体，而潜在污染责任人不仅包括排放、灌注、渗透污染物的人，而且包括核准或同意于灌排系统及灌区集水区域内排放废污水，导致污染物累积于土壤或地下水，而造成土壤或地下水污染的主体。再如，英国1990年《环境保护法案》规定，土壤污染的责任者为造成或明知而允许污染者（A类责任者）。在英国瑞德兰德矿业公司和克莱斯特·尼克尔森房地产公司不满行政机关修复决定向英国国务大臣提起行政复议一案中，1955~1980年，化工厂在生产过程中将溴酸盐和溴化物排入案涉地块内白垩岩的储水层。1983年，克莱斯特公司购得该地块后用于房地产开发。复议决定认定，克莱斯特公司购买该地块时，明知该地有污染问题却仅进行了浅层土壤污染的清理，其土地开发行为使得污染物更深、更快地渗入，并且让其他污染物继续污染地下水，因而是A类责任者。按照这一思路，农民极可能因为明示或默示的允许或帮助成为污染责任者。事实上，广州市白云区鱼塘污染公益诉讼案的判决也体现了这一思想。

由于我国的特殊国情，农民管理、控制和使用农用地，可能是农用地的承包经营人或使用人；可能因滥用农药、化肥和地膜成为农用地面源污染的污染人，也可能因明示或默示地允许或帮助排放、倾倒、堆存、填埋、泄露、遗撒、渗漏、流失、扬散污染物或其他有毒有害物质等成为土壤污染行为人；因为农民的生存和发展对农用地有着天生的依赖性，农业生产方式的特性使得农民直接暴露在污染中，更容易受到污染的伤害，从而农民也有可能成为土壤污染的受害人。考虑到农民知识相对缺乏、经济相对弱势、自我保护能力不强，处于弱势地位，我国的《土壤污染防治法》并没有明确规定农民作为污染责任人应当承担土壤污染治理责任。但在法律实施过程中，就像广州市白云区鱼塘污染案中，农民可能被认定为潜在的责任者，那么，农民的弱势地位与其作为潜在责任者间的冲突将持续存在。

当然，《土壤污染防治法》第 53 条也规定，在安全利用类和严格管控类土地的风险管控与修复中，农民负有潜在责任。当污染农用地被划定为安全利用类地块时，农民将可能负有调控农艺或替代种植、协助土壤和农产品协同监测与评价、接受技术指导和培训等义务。农艺调控主要是指利用农艺措施对耕地土壤中污染物的生物有效性进行调控，减少污染物从土壤向作物特别是可食用部分的转移，从而保障农产品安全生产，实现受污染耕地安全利用。农艺调控措施主要包括种植重金属低积累作物、调解土壤理化性状、科学管理水分、施用功能性肥料等。替代种植是指为保障农产品安全生产，用农产品安全风险较低的作物替代农产品安全风险较高的作物的措施，如用重金属低积累作物替代高积累作物。《土壤污染防治法》第 54 条规定，当污染农用地被划定为严格管控类地块时，农民将可能负有调整种植结构、退耕还林还草、退耕还湿、轮作休耕、轮牧休牧等风险管控的实施义务。从形式上看，虽然在这些情况下，农民并非土壤污染风险管控和修复的责任者，而是作为土地使用权人协助修复活动的开展，但由于其实质上承担了农艺调整和替代种植的责任，就成了风险管控责任的真正实施者。这也是考虑到农民作为土地的实际控制人在农用地土壤污染治理中的天然优势，通过制度设计，让农民在其能力范围内承担农用地土壤污染治理责任，以提高他们的环境保护意识，注意清洁生产，科学使用化肥、农药等。从长远角度来看，通过立法要求农民承担一定的治理责任对农用地土壤污染防治有积极作用，有利于增强农民对土地的环境保护意识，有利于预防农用地土壤污染。

（三）高昂的治理成本与土壤环境修复目标之间的冲突

污染行为既造成农用地土壤环境受损害，还侵害或可能侵害公民、法人和其他组织的合法权益。农用地土壤污染治理责任最基本的目的是追究责任主体的治理责任，实现对受污染农用地本身的救济，侧重于清除农用地土壤中的污染物，恢复农用地的生态功能。在构建农用地土壤污染治理责任时，应当明确其责任范围是对农用地环境的公益救济。可以说，《土壤污染防治法》构建了以农用地污染土壤风险管控与修复为核心的公法责任体系。

准确的目标选择是构建农用地土壤污染治理责任机制的前提，如果治理目标不明确，则会导致责任界定模糊，影响其实践效果。我国农用地受污染土壤面积大，全面治理成本巨大。譬如，我国司法实践中常以“恢复原状”作为修复目标，虽然根据责任主体就其造成的损害承担相应的责任，这一目标有一定的正当性，但是由于现有科技水平和经济成本的局限，该目标往往很难实现，在农用地土壤污染治理中尤为突出。在农用地土壤污染治理责任机制构建中，不能僵硬地以恢复原状为一般目标，治理责任范围的确定要立足于农用地土壤污染治理目标，即原则上通过对受污染农用地进行土壤修复，使其恢复农用地的生产生态功能，并且满足农产品生产安全的需要。为此，《土壤污染防治行动计划》第

7条要求划定农用地土壤环境质量类别，并按照污染程度将农用地划分为未污染和轻微污染的优先保护类，轻度和中度污染的安全利用类，以及重度污染的严格管制类。

在分类的基础上，《土壤污染防治法》分别规定了各类农用地的土壤污染治理责任。对优先保护类农用地而言，主要是土壤污染的预防责任。《土壤污染防治法》第50条规定："县级以上地方人民政府应当依法将符合条件的优先保护类耕地划为永久基本农田，实行严格保护。在永久基本农田集中区域，不得新建可能造成土壤污染的建设项目；已经建成的，应当限期关闭拆除。"这与《土壤污染防治行动计划》的相关规定相呼应。该计划第8条规定："各地要将符合条件的优先保护类耕地划为永久基本农田，实行严格保护，确保其面积不减少、土壤环境质量不下降，除法律规定的重点建设项目选址确实无法避让外，其他任何建设不得占用。产粮（油）大县要制定土壤环境保护方案。高标准农田建设项目向优先保护类耕地集中的地区倾斜。推行秸秆还田、增施有机肥、少耕免耕、粮豆轮作、农膜减量与回收利用等措施。继续开展黑土地保护利用试点。农村土地流转的受让方要履行土壤保护的责任，避免因过度施肥、滥用农药等掠夺式农业生产方式造成土壤环境质量下降。各省级人民政府要对本行政区域内优先保护类耕地面积减少或土壤环境质量下降的县（市、区），进行预警提醒并依法采取环评限批等限制性措施。"此外，还要严格控制在优先保护类耕地集中区域新建有色金属冶炼、石油加工、化工、焦化、电镀、制革等行业企业，现有相关行业企业要采用新技术、新工艺，加快提标升级改造步伐。对于安全利用类污染农用地，只需要采用风险管控措施。根据《土壤污染防治法》第57条，严格管控类用地也不必然导致土壤污染修复责任的产生，只有产出的农产品污染物含量超标，经风险评估确实需要实施修复的，才要编制修复方案，开展修复并实施修复效果评估等。可见，我国农用地土壤污染的责任制度安排实际上采用了相对低的治理目标。

总体而言，农用地土壤污染治理是一个系统工程，包含污染情况调查、环境影响与健康风险评估、为减轻污染危害或避免污染扩大采取应变措施、制订治理计划及进行治理等活动。构建农用地土壤污染治理责任范围时要结合治理目标，考虑农用地土壤污染治理内容，细化责任范围。

三、农用地土壤污染治理责任制度的目标与立法

（一）农用地土壤污染治理责任目标

1. 保障农产品质量安全

农用地土壤污染与农产品安全（尤其是食用农产品安全）息息相关。我国是人口大国，随着社会生活水平的不断提高，公众对农产品安全的要求越来越高。农用地是农业生产的基础，承载着保障农产品数量和质量安全的重任，保障农产品的安全对提升农用地生产能力提出越来越高的要求。然而，我国当前农用地土壤污染形势严峻，农用地遭受污染和破坏，导致农产品减产和农产品质量不合格，给农产品的数量安全和质量安全带来威胁，也给公众的身体健康和生存发展带来威胁。农用地土壤污染治理的目标和标准的最终目的在于最大限度地发挥农用地的生产功能，保障农用地的数量和质量，并最终保障农产品安全。农用地土壤污染治理责任是要求责任主体承担治理责任，使农用地恢复其生产生态功能，保障农产品安全。我国农用地土壤污染治理责任制度的基本内容体现了农产品质量安全的优先目标。尤为突出的，严格管控类用地需要修复的重要前提是“产出的农产品污染物含量超标”。多数土地仅须采用风险评估的措施。毕竟，与土壤污染修复的高昂成本相比，农用地种植产生的经济效益往往较低。因此，农用地土壤污染防治主要考虑保障

农产品质量安全，绝大部分污染地块都是采用风险管控的目标。

2. 维持耕地数量的动态平衡

我国的农用地已是土壤污染的重灾区，其中，耕地污染程度整体高于全国土壤的总体污染水平，林地和草地的超标率也不低，迫切需要运用法律手段，建立长效的农用地土壤污染防治机制，从根本上扭转这种局面。农用地承载着保障农产品数量和质量安全的重任，这要求农用地既要保障土壤的质量，也要保证土地的数量，尤其是耕地的数量。在当前农用地土壤污染事件剧增的背景下，构建农用地土壤污染治理责任机制时要考虑维持农用地的动态平衡，维持足够的农用地数量，保障农业生产需求，保障对农产品市场的正常供给。在机制设计时，将修复与生产结合考虑，在现有科学技术条件下，以保障农产品安全为前提；在农用地责任范围确定时，在不影响农产品质量安全的前提下，尽可能发挥受污染农用地的生产功能。

（二）我国农用地土壤污染防治立法情况

我国已经形成以《土壤污染防治法》为核心，以相关立法为配套的农用地土壤污染治理责任立法体系。

1. 国家层面的农用地土壤污染治理责任立法

在法律层面，农用地土壤污染治理责任的专门立法是《土壤污染防治法》。相关立法主要分布在宪法、民法、刑法、环境保护法等综合性法律，以及环保、农业、土地管理等单行法律中。

《宪法》是国家的根本大法，规定了国家有保障自然资源合理利用、保护改善环境、防治污染及其他公害的环境职责，以及禁止土地使用者侵占或破坏自然资源和必须合理利用土地的义务。这是农用地土壤污染防治相关立法最高层级的法律依据，对确定农用地土壤污染治理责任具有根本性意义。《土壤污染防治法》是农用地土壤污染防治的专门立法，该法在第四章“风险管控和修复”中专门设“农用地”一节，为农用地创设了不同于建设用地土壤污染的责任制度。

2021 年 1 月 1 日起施行的《民法典》的相关条文规定了土地、草原等自然资源的所有权和使用者的管理、保护、合理利用的义务，还规定污染环境造成他人损害的，要承担民事责任，而且该规定以责任人违反环境保护法律为前提;《民法典》还在侵权责任编规定了“环境污染和生态破坏责任”，规定污染者污染环境和破坏者破坏生态造成他人损害的，应承担侵权责任。《中华人民共和国刑法》设专章规定破坏环境资源保护罪，没有对土壤污染规定专门罪名，但是规定了非法占用农用地罪，体现国家保护农用地的意图；还规定了污染环境罪，即违法排放有毒、有害物质，严重污染环境的，承担刑事责任。《环境保护法》是环境保护的基本法，规定一切单位和个人都有保护环境的义务，并且还规定地方政府对环境质量负责，单位和其他生产经营者造成环境污染或生态破坏的，对损害依法承担责任，这为确定农用地土壤污染治理责任主体提供了法律依据。该法强调国家应加强对土壤的保护，明确了“土地”的环境要素地位，还明确指出各级人民政府有保护农业环境、防治土壤污染、推动农村环境综合整治的职责，并且应对农业生产经营活动进行指导，防止农业面源污染，对农村环境保护工作予以资金支持。此外，在第六章“法律责任”中加大了对环境违法行为的行政处罚力度，要求污染环境和破坏生态造成损害的，要承担侵权责任，构成犯罪的，追究刑事责任。这些规定对农用地土壤污染治理责任提供了法律保障。

《中华人民共和国水污染防治法》《中华人民共和国大气污染防治法》《中华人民共和国固体废弃物污染环境防治法》《中华人民共和国放射性污染防治法》等单行法虽然是专门针对特定污染源或环境要素立法的环保单行法，并未将土壤污染作为特定的污染源或将土壤作为独立的环境要素进行保护，但是附带性地对土壤污染防治，尤其是预防土壤污染起到了一定的积极作用，对构建农用地土壤污染治理责任也有一定参考价值。例如，《固体废物污染环境防治法》就有关于土地使用人对场地污染防治责任的规定，并且还对单位变更后的责任承担、溯及力问题进行了规范。《中华人民共和国农业法》《中华人民共和国农产品质量安全法》《中华人民共和国土地管理法》《中华人民共和国水土保持法》等从农业安全的角度，对农用地土壤污染防治做出规定，主要集中于对农产品质量安全的保障和对化肥、农药以及对污水灌溉的控制等方面，并就某些特定的农用地土壤污染行为规定了法律责任。如我国《农产品质量安全法》第45条规定："违法向农产品产地排放或者倾倒废水、废气、固体废物或者其他有毒有害物质的，依法承担赔偿责任。"这些法律也对农用地土壤污染进行规制，对防止农用地土壤污染起到一定促进作用。

在国务院行政法规、部门规章层面，《农用地土壤环境管理办法（试行）》是对《土壤污染防治行动计划》中农用地污染控制制度设计的细化。当然，伴随着《土壤污染防治法》的生效，该规章也将进行相应调整。此外，《中华人民共和国基本农田保护条例》《中华人民共和国农药管理条例》《农药限制使用管理规定》《废弃危险化学品污染环境防治办法》《无公害农产品管理办法》《土地复垦条例》等都对农用地土壤污染的防治做出规定，并对农用地起到一定的保护作用。

在国家规范性文件层面，我国针对农用地土壤污染特别是重金属污染等问题出台了一系列文件，对农用地污染防治工作给予了高度重视。2005年《国务院关于落实科学发展观加强环境保护的决定》提出以政府为主导对受污染的耕地进行治理；2008年《关于加强土壤污染防治工作的意见》提出根据"谁污染，谁治理"的原则，对被污染的土壤或者地下水，由造成污染的单位和个人负责修复和治理；2013年《国务院办公厅关于印发近期土壤环境保护和综合治理工作安排的通知》提出要提升土壤环境综合监管能力，推进典型地区土壤污染治理与修复试点示范，并且要逐步建立土壤环境保护政策、法规和标准体系；2015 年《国务院办公厅关于加快转变农业发展方式的意见》提出落实最严格的耕地保护制度。这些规范性文件对农用地土壤污染治理工作具有重大意义，强化了政府对农用地进行保护并开展综合治理的职责，对治理工作的开展方式和责任主体的确定方式也有重要参考价值。此外，2016 年《土壤污染防治行动计划》确立了农用地土壤污染的基本制度框架。

2. 地方层面的农用地土壤污染治理责任相关立法

除全国性立法外，我国也有部分地方性立法专门对农用地土壤污染治理做了规定。例如，先于《土壤污染防治法》生效的《湖北省土壤污染防治条例》特别强调农产品产地土壤污染的防治。根据该条例第 37 条，条例中所指的农产品产地即农用地，包括耕地、园地、牧草地、养殖业地等。该条例第 9 条规定了农业主管部门对农产品产地土壤污染防治的基本职责：县级以上人民政府农业主管部门负责本行政区域内的农产品产地土壤污染防治的监督管理，组织实施农产品产地土壤环境的调查、监测、评价和科学研究，以及已污染农产品产地土壤的治理，承担农产品产地污染事故的调查处理和应急管理。县级以上人民政府发展和改革、经济和信息化、科技、财政、交通运输、水行政、林业、卫生、旅游等有关部门，依照有关法律、法规的规定对土壤污染防治实施监督管理，共同做好土壤环境保护工作。在第五章“特定用途土壤的环境保护”中，对于农产品产地土壤保护的规定是主要条款。在第 37 条规定的农产品产地土壤分级管理的基础上，该条例规定：对清洁农产品产地实行永久保护，除确实无法避让的国家重点建设项目外，其他任何建设不得占用；对中轻度污染的农产品产地实施风险管控措施；对重度污染的农产品产地，禁止种植食用农产品和饲料用草，并规定了相应的风险管控和修复等责任。条例还规定了农产品产地隔离带的设置，农业生产者预防义务，农产品产地范围内禁用不符合农用标准的污水污泥，以及农产品产地和水产品养殖区内药物、化学品的减控等规范。

四、我国农用地土壤污染治理责任制度的基本框架

（一）责任主体

在《土壤污染防治法》中，应承担农用地土壤污染治理责任的责任主体包括土壤污染责任人，地方人民政府农业农村、林业草原、生态环境、自然资源主管部门，农村集体经济组织及其成员，农民专业合作社及其他农业生产经营主体。目前，我国确立了土壤污染责任人、土地使用权人和政府顺序承担防治责任的制度框架责任分配方式。

遵循“谁污染，谁负责”的一般原则，《土壤污染防治法》第45条明确规定“土壤污染责任人负有实施土壤污染风险管控和修复的义务”；第47条规定“土壤污染责任人变更的，由变更后承继其债权、债务的单位或者个人履行相关土壤污染风险管控和修复义务并承担相关费用”。《认定办法》第3条规定，农用地土壤污染责任人是指：①1979年9月13日《中华人民共和国环境保护法（试行）》生效后，排放、倾倒、堆存、填埋、泄漏、遗撒、渗漏、流失、扬散污染物或者其他有毒有害物质等，造成农用地土壤污染，需要依法承担风险管控和修复责任的单位和个人；②违法生产、销售不合格的农药、化肥等农业投入品，造成农用地土壤污染，需要依法承担风险管控和修复责任的生产经营者；③违法使用不合格的农药、化肥等农业投入品，造成农用地土壤污染，需要依法承担风险管控和修复责任的农业生产经营组织。涉及土壤污染责任的单位和个人是指具有上述行为，可能造成土壤污染的单位和个人。《认定办法》规定，当涉及土壤污染责任的个人或单位符合下列条件，就能够认定污染行为与土壤污染之间存在因果关系，该单位或个人为土壤污染责任人：向农用地地块排放、倾倒、堆存、填埋、泄漏、遗撒、渗漏、流失、扬

散污染物或者其他有毒有害物质等；生产经营者违法生产、销售不合格的农药、化肥等农业投入品；农业生产经营组织违法使用不合格的农药、化肥等农业投入品，在客观上出现了农用地土壤污染的结果的同时，农用地土壤中检测出特征污染物，且含量超出国家、地方、行业标准限制，或者超出对照区含量；土壤污染责任人的存在会向农用地土壤排放或者添加该污染物；受污染农用地土壤可以排除其他相同或相似污染源的影响；受污染农用地土壤可以排除非正常因素的影响，如高背景值、气候变化、病虫害、自然灾害等的情况。

在农用地土壤污染责任人不明确或者存在争议时，《土壤污染防治法》第 48 条规定由地方人民政府农业农村、林业草原主管部门会同生态环境、自然资源主管部门认定。认定办法由国务院生态环境主管部门会同有关部门制定。《认定办法》第 28 条规定了产生责任人不明确或有争议的情形，包括：①农用地周边曾存在多个污染源的；②农用地上存在多个农业生产经营组织的；③农用地土壤污染存在多种来源的；④农业生产经营组织使用的农药、化肥涉及多家生产经营者的；⑤其他情形。在土壤污染责任人无法认定时，《土壤污染防治法》第 45 条规定由土地使用权人实施土壤污染风险管控和修复。同时，法律鼓励和支持有关当事人自愿实施土壤污染风险管控和修复。

关于《土壤污染防治法》生效前责任人认定的问题，《认定办法》第 3 条对第一类农用地土壤污染责任人的规定明确了溯及既往的效力，对第二类、第三类农用地土壤污染责任人仅追究 2019 年 1 月 1 日《土壤污染防治法》生效后的责任。同时，《认定办法》第 3 条对于认定生产、销售、使用农药、化肥等农业投入品造成农用地污染的责任人区分合法、非法两种情况，仅处罚违法生产、销售、使用农药、化肥等农业投入品的情形。同时，在正常经营活动中造成土壤污染的单位和个人，因其污染行为而获取经济利益的，基于受益者负担原则的考量，也有责任承担一定的修复义务。

涉及多个土壤污染责任人时,《认定办法》第 7 条规定,鼓励土地使用权人与涉及土壤污染责任的单位和个人之间,或涉及土壤污染责任的多个单位和个人之间就责任承担及责任份额达成协议,责任份额按照各自对土壤的污染程度确定。无法协商一致的,原则上平均分担责任。

(二)责任范围

《土壤污染防治法》第 35 条规定:"土壤污染风险管控和修复,包括土壤污染状况调查和土壤污染风险评估、风险管控、修复、风险管控效果评估、修复效果评估、后期管理等活动。"这意味着,土壤污染治理责任主要涉及上述环节,现对各环节及相应责任主体的责任范围予以分析。

1. 土壤污染应急责任

就农用地土壤污染应急责任而言,其条文依据、责任主体与责任范围与上章建设用地土壤污染应急责任一致,此处不再赘述。

2. 土壤污染状况调查责任

(1)主要条文依据。

《土壤污染防治法》第 51 条规定:"未利用地、复垦土地等拟开垦为耕地的,地方人民政府农业农村主管部门应当会同生态环境、自然资源主管部门进行土壤污染状况调查,依法进行分类管理。"此外,第 52 条第 1 款规定,地方人民政府农业农村、林业草原主管部门应当会同生态环境、自然资源主管部门对土壤污染状况普查、详查和监测、现场检查表明有土壤污染风险的农用地地块,进行土壤污染状况调查。实施土壤污染状况调查活动,应当依照第 36 条的规定编制土壤污染状况调查报告。土壤污染调查报告应当主要包括地块基本信息、污染物含量是否超过土壤污染风险管控标准等内容。污染物含量超过土壤污染风险管控标准的，土壤污染状况调查报告还应当包括污染类型、污染来源以及地下水是否受到污染等内容。《认定办法》第 6 条规定，农用地及周边曾存在的涉及土壤污染责任的单位和个人负有协助开展土壤污染状况调查的义务。

（2）责任分配。

依据上述条文，土壤污染状况调查责任的主体为地方人民政府农业农村、林业草原主管部门会同生态环境、自然资源主管部门。对于土壤污染状况普查、详查和监测、现场检查表明有土壤污染风险的农用地地块，应当启动农用地土壤污染状况调查。对于农用地中的耕地与园地，应当由地方人民政府农业农村主管部门会同生态环境、自然资源主管部门开展农用地土壤污染状况调查，对于林地与草地，由林业草原主管部门会同生态环境主管部门开展农用地土壤污染状况调查。应注意的是，《土壤污染防治法》规定涵盖的农用地类型包括林地，《土壤环境质量 农用地土壤污染风险管控标准（试行）》（GB 15618—2018）则指明，农用地是指《土地利用现状分类》（GB/T 21010—2017）中的 01 耕地（0101 水田、0102 水浇地、0103 旱地）、02 园地（0201 果园、0202 茶园）和 04 草地（0401 天然牧草地、0403 人工牧草地）。管控标准应依据《土壤污染防治法》做相应调整。在此环节，从事土壤污染状况调查的相关单位应当遵守有关环境保护标准与技术规范，具备相应的专业能力，对土壤污染状况调查活动与调查报告的真实性、准确性、完整性、有效性负责。

与建设用地土壤污染状况调查责任由土地使用权人承担不同，负有农用地土壤污染状况调查责任的主体为政府相关主管部门，农用地及周边曾存在的涉及土壤污染责任的单位和个人仅负有协助开展土壤污染状况调查的义务。这既是由于《土壤污染防治法》和《农用地土壤环境管理办法（试行）》等法律法规的规定，也是因为考虑到农用地土壤污染状况调查技术难度较高、成本投入较大、调查周期长，难以为单位和个人所负担。

（3）责任内容。

土壤污染状况调查分为初步调查和详细调查两种。《土壤污染防治法》第 49 条规定："国家建立农用地分类管理制度。按照土壤污染程度和相关标准，将农用地划分为优先保护类、安全利用类和严格管控类。"《农用地土壤环境质量类别划分技术指南（试行）》规定，先划分评价单元，对评价单元内各点位土壤的各项污染物逐一分类，根据《土壤环境质量 农用地土壤污染风险管控标准（试行）》（GB 15618—2018）分为三类：①低于（或等于）筛选值（A 类）；②介于筛选值和管制值之间（B 类）；③高于（或等于）管制值（C 类）。根据各单项污染物分别判定该污染物代表的评级单元类别，再结合农产品质量评价结果，综合确定某一评价单元土壤环境质量类别。其划分依据如下：①根据土壤污染程度划分为优先保护类以及根据土壤污染程度划分为安全利用类且农产品不超标的，划分为优先保护类；②根据土壤污染程度划分为安全利用类且农产品轻微超标以及根据土壤污染程度划分为严格管控类且农产品不超标的，划分为安全利用类；③根据土壤污染程度划分为严格管控类且农产品超标以及根据土壤污染程度划分为安全利用类且农产品严重超标的，划分为严格管控类。此指南主要适用于耕地土壤环境质量类别划分，同时，园林、牧草地等土壤环境质量类别划分也可参考此指南。《土壤污染防治法》第 50 条规定："县级以上地方人民政府应当依法将符合条件的优先保护类耕地划为永久基本农田，实行严格保护。在永久基本农田集中区域，不得新建可能造成土壤污染的建设项目，已经建成的，应当限期关闭拆除。"对于未利用地以及复垦土地拟开垦为耕地的，地方人民政府农业农村主管部门应当会同生态环境、自然资源主管部门开展两项工作：①按照《土壤污染防治法》第 36 条的规定，实施土壤污染状况调查，明确是否需要开展进一步的风险评估、风险管控、修复等活动；②按照《土壤污染防治法》第 49 条的规定对土地进行分类管理。

就农用地土壤污染状况初步调查以及详细调查的流程而言，除土壤污染物含量的判断标准调整为国家或地方相关农用地土壤污染风险管控标准（筛选值），其余可参照上章建设用地土壤污染状况调查流程，不再详述。

3. 土壤污染风险评估责任

（1）主要条文依据。

《土壤污染防治法》第 52 条第 2 款规定，地方人民政府农业农村、林业草原主管部门应当会同生态环境、自然资源主管部门，对土壤污染状况调查表明污染物含量超过土壤污染风险管控标准的农用地地块组织进行土壤污染风险评估，并按照农用地分类管理制度管理。第 37 条规定，实施土壤污染风险评估活动，应当编制土壤污染风险评估报告。报告包括主要污染物状况，土壤及地下水污染范围，农产品质量安全风险、公众健康风险或者生态风险，风险管控、修复的目标和基本要求等。

（2）责任分配。

依据《土壤污染防治法》第 52 条第 2 款，土壤污染风险评估责任的主体为地方人民政府农业农村、林业草原主管部门与生态环境、自然资源主管部门。耕地和园林由地方人民政府农业农村主管部门会同生态环境主管部门、自然资源主管部门开展农用地土壤污染风险评估，林地和草地由林业草原主管部门会同生态环境主管部门开展农用地土壤污染风险评估。

此外，在这一环节，从事土壤污染风险评估的第三方单位应当具备相应的专业能力，对土壤污染风险评估活动与风险评估报告的真实性、准确性、完整性、有效性负责。

（3）责任内容。

农用地土壤污染风险是指因土壤污染导致食用农产品质量安全、农作物生长或土壤生态环境受到不利影响。进行农用地土壤污染风险评估是土壤污染管控与修复的必要环节。根据《土壤污染防治法》，启动土壤污染风险评估的条件是土壤污染状况调查表明农用地污染物含量超过土壤污染风险管控标准。地方人民政府农业农村、林业草原主管部门应当会同生态环境、自然资源主管部门对这类地块进行土壤污染风险评估并编制土壤污染风险评估报告。土壤污染风险评估报告主要应包括：①主要污染物状况，即主要污染物的种类、数量等情况；②土壤及地下水污染范围，即土壤和地下水污染的分布情况；③农产品质量和安全风险、公众健康风险或者生态风险；④风险管控、修复的目标和基本要求等。

4. 污染土壤风险管控与修复责任

（1）主要条文依据。

污染农用地风险管控与修复的主要依据是《土壤污染防治法》第38~41条与第53~57条。第38~41条是关于风险管控活动与修复活动的一般性规定。第53条规定了安全利用类农用地地块的安全利用方案。第54条规定了严格管控类农用地地块的风险管控措施。第55条规定了地下水、饮用水水源污染防治。第56条规定了农用地风险管控要求。第57条规定了农用地地块修复要求。

（2）责任分配。

制定实施安全利用方案，采取风险管控措施，进行地下水、饮用水水源污染防治的主体是地方人民政府农业农村、林业草原主管部门与生态环境、自然资源主管部门。其中．耕地和园林由地方人民政府农业农村主管部门会同生态环境主管部门、自然资源主管部门制定实施安全利用方案并采取风险管控措施；林地和草地由林业草原主管部门会同生态环境主管部门制定实施安全利用方案并采取风险管控措施；地下水、饮用水水源污染防治由地方人民政府生态环境主管部门会同农业农村、林业草原等主管部门制定防治污染的方案并采取相应的措施。

根据《土壤污染防治法》第53条，对安全利用类农用地地块，地方人民政府农业农村、林业草原主管部门，应当结合主要作物品种和种植习惯等情况，制定并实施安全利用方案。安全利用方案应当包括：①农艺调控、替代种植；②定期开展土壤和农产品协同监测与评价；③对农民、农民专业合作社及其他农业生产经营主体进行技术指导和培训；④其他风险管控措施。根据第54条，对严格管控类农用地地块，地方人民政府农业农村、林业草原主管部门应当采取下列风险管控措施：①提出划定特定农产品禁止生产区域的建议，报本级人民政府批准后实施；②按照规定开展土壤和农产品协同监测与评价；③对农民、农民专业合作社及其他农业生产经营主体进行技术指导和培训；④其他风险管控措施。各级人民政府及其有关部门应当鼓励对严格管控类农用地采取调整种植结构、退耕还林还草、退耕还湿、轮作休耕、轮牧休牧等风险管控措施，并给予相应的政策支持。根据第55条，安全利用类和严格管控类农用地地块的土壤污染影响或者可能影响地下水、饮用水水源安全的，地方人民政府生态环境主管部门应当会同农业农村、林业草原等主管部门制定防治污染的方案，并采取相应的措施。

此外，政府部门还承担如下责任：①地方人民政府农业农村、林业草原主管部门对土壤污染风险管控措施和修复方案、效果评估报告的备案责任；②日常监管责任等。从事土壤污染风险管控、修复方案编制、工程实施、效果评估等的地方机构，在此环节也应对活动真实性、准确性、完整性、有效性负责。

土壤污染修复责任的主体为农用地土壤污染责任人。根据《土壤污染防治法》第45条，土壤污染责任人无法认定的，土地使用权人应当实施土壤污染修复，地方人民政府及其有关部门可以根据实际情况组织实施土壤污染修复。根据第 56 条，对安全利用类和严格管控类农用地地块，土壤污染责任人应当按照国家有关规定以及土壤污染风险评估报告的要求，采取相应的风险管控措施，并定期向地方人民政府农业农村、林业草原主管部门报告。根据第 57 条，对产出的农产品污染物含量超标，需要实施修复的农用地地块，土壤污染责任人应当编制修复方案，报地方人民政府农业农村、林业草原主管部门备案并实施。修复方案应当包括地下水污染防治的内容。修复活动应当优先采取不影响农业生产、不降低土壤生产功能的生物修复措施，阻断或者减少污染物进入农作物食用部分，确保农产品质量安全。风险管控、修复活动完成后，土壤污染责任人应当另行委托有关单位对风险管控效果、修复效果进行评估，并将效果评估报告报地方人民政府农业农村、林业草原主管部门备案。农村集体经济组织及其成员、农民专业合作社及其他农业生产经营主体等负有协助实施土壤污染风险管控和修复的义务。

（3）责任内容。

风险管控与修复的定义与建设用地部分中所述一致，此处不再详述。与建设用地不同，农用地种植的经济效益相对土壤污染修复的高昂成本往往较低。再加上农用地土壤污染防治的主要目的是保障农产品质量安全，对于安全利用类和严格管控类农用地地块多要求土壤污染责任人采取风险管控措施，较少要求实施修复措施。采取风险管控措施能够保障其产出的农产品质量安全。关于农用地的风险管控措施，除了《土壤污染防治法》第 38 条、第 39 条、第 40 条、第 41 条关于风险管控活动的一般性规定，还有第 53 条、第 54 条规定的对安全利用类、严格管控类农用地所采取的具体风险管控措施。被污染农用地的修复方案，应由土壤污染责任人编制，而且应包括地下水污染防治内容。

《土壤污染防治法》第 57 条第 4 款规定了农村集体经济组织及其成员、农民专业合作社及其他农业生产经营主体的协助义务。此类主体是农用地的所有权人或者使用权人，其协助义务主要包括：①协助配合农用地土壤污染状况调查与风险评估活动；②遵守风险管控措施要求，采取农艺调控、替代种植、轮作休耕等管控措施，遵守特定农产品禁止生产区域等有关规定；③协助配合政府土壤和农产品协同监测与评价等工作。

在农用地污染土壤风险管控、修复活动结束后，应当对风险管控、修复活动的效果与预期目的实现程度进行评估，并就此编制效果评估报告。耕地和园林的效果评估报告应当报地方人民政府农业农村主管部门备案，林地和草地的效果评估报告应当报林业草原主管部门备案。除此之外，《土壤污染防治法》第 42 条第 3 款还规定了农用地污染土壤的后期管理责任。依据规定，土壤污染责任人应当在风险管控、修复活动完成后，需要实施后期管理的情况下，按照要求实施后期管理。这是由于，土壤污染及其污染损害后果的发生具有隐蔽性、滞后性、渐进性，即便进行了风险管控和修复，也不必然能解决所有潜在的污染问题，因而规定后期管理责任具有必要性。继续实施后期管理，长期监控土壤污染及污染扩散、污染导致损害的各种状况，可以尽可能减轻土壤污染人体健康和生态危害后果的发生。

参考文献

[1] 刁春燕 . 有机污染土壤植物生态修复研究 [M]. 成都：西南交通大学出版社，2018.

[2] 杜立宇，兰希平，林大松 . 土壤重金属镉污染修复技术原理与应用 [M]. 沈阳：辽宁科学技术出版社，2020.

[3] 范拴喜 . 土壤重金属污染与控制 [M]. 北京：中国环境科学出版社，2011.

[4] 范永强，张永涛 . 土壤修复与新型肥料应用 [M]. 济南：山东科学技术出版社，2017.

[5] 葛晓丘 . 典型地区土壤污染演化及安全预警系统研究 [M]. 北京：地质出版社，2007.

[6] 郭书海，黄殿男 . 污染土壤电动修复原理与技术 [M]. 北京：中国环境出版社，2017.

[7] 胡保卫，王祥科，邱木清，等 . 土壤污染修复技术研究与应用 [M]. 杭州：浙江科学技术出版社，2020.

[8] 林立金，廖明安 . 果园土壤重金属镉污染与植物修复 [M]. 成都：四川大学出版社，2019.

[9] 毛欣宇 . 电动修复及其改进联用技术对重金属污染土壤的修复研究 [M]. 南京：河海大学出版社，2018.

[10] 能子礼超 . 土壤污染防治规划与评价 [M]. 成都：四川大学出版社，2021.

[11] 聂麦茜．土壤污染修复工程 [M]. 西安：西安交通大学出版社，2021.

[12] 宋立杰，安森，林永江，等．农用地污染土壤修复技术 [M]. 北京：冶金工业出版社，2019.

[13] 王灿发，赵胜彪．土壤污染与健康维权 [M]. 武汉：华中科技大学出版社，2019.

[14] 王欢欢．土壤污染治理责任研究 [M]. 上海：复旦大学出版社，2020.

[15] 王友保．土壤污染与生态修复实验指导 [M]. 芜湖：安徽师范大学出版社，2015.

[16] 夏立江，王宏康．土壤污染及其防治 [M]. 上海：华东理工大学出版社，2001.

[17] 张从，夏立江．污染土壤生物修复技术 [M]. 北京：中国环境科学出版社，2000.

[18] 张俊英，许永利，刘小艳．逆境土壤的生态修复技术 [M]. 北京：北京航空航天大学出版社，2017.

[19] 张立钦，吴甘霖．农业生态环境污染防治与生物修复 [M]. 北京：中国环境科学出版社，2005.

[20] 张英杰，董鹏，李彬．重金属污染土壤修复电化学技术 [M]. 北京：冶金工业出版社，2021.